清华
开发者书库

MCS-51 Microcontroller Project Tutorial

单片机应用技术项目化教程

王春武　刘春玲◎编著
Wang Chunwu　Liu Chunling

U0214170

清華大学出版社
北京

内 容 简 介

本书以工程项目开发为背景,将单片机的硬件基本结构、单片机内部各功能模块的工作原理及编程方法、各种常用外围模块的用法等内容有机地嵌入单片机应用系统设计和开发的全过程,围绕单片机智能系统设计的基本概念及教学内容和资源之间的关系,碎片化教学内容及资源,设置教学情境,形成 14 个围绕特定知识点的项目集。通过对本书的学习,读者可以快速掌握 MCS-51 单片机的基本原理和编程方法,培养智能系统设计、开发和维护能力。

本书适合于电子信息类、自动化类、计算机类、测控类专业本科生学习,也可以作为高职高专相近专业的教材或工程技术人员学习单片机应用技术的参考书。本书还提供了配套在线课程资源。

图书在版编目(CIP)数据

单片机应用技术项目化教程/王春武,刘春玲编著.—北京:清华大学出版社,2021.3(2025.1重印)
(清华开发者书库)
ISBN 978-7-302-57552-8

Ⅰ.①单… Ⅱ.①王…②刘… Ⅲ.①单片微型计算机—教材 Ⅳ.①TP368.1

中国版本图书馆 CIP 数据核字(2021)第 026494 号

责任编辑:王 芳
封面设计:李召霞
责任校对:焦丽丽
责任印制:刘海龙

出版发行:清华大学出版社
  网 址:https://www.tup.com.cn,https://www.wqxuetang.com
  地 址:北京清华大学学研大厦 A 座   邮 编:100084
  社 总 机:010-83470000   邮 购:010-62786544
  投稿与读者服务:010-62776969,c-service@tup.tsinghua.edu.cn
  质量反馈:010-62772015,zhiliang@tup.tsinghua.edu.cn
  课件下载:https://www.tup.com.cn,010-83470236
印 装 者:三河市龙大印装有限公司
经 销:全国新华书店
开 本:186mm×240mm 印 张:15   字 数:339 千字
版 次:2021 年 3 月第 1 版   印 次:2025 年 1 月第 4 次印刷
印 数:3001～3500
定 价:59.00 元

产品编号:090633-01

前 言
PREFACE

　　MCS-51 系列单片机应用广泛,是学习单片机技术较好的系统平台,同时也是单片微型计算机应用系统开发的一个重要系列。本书以 MCS-51 系列单片机为例,从全新的视角出发,设计了 14 个典型的单片机系统项目。本书由浅入深逐步将单片机的基本原理、编程方法、常用的接口技术、新知识、新技术、新工艺、新产品等内容引入项目开发中,能有效提高读者的学习兴趣和实践技能水平,进而快速掌握单片机应用系统开发的基本流程、方法和技术。

　　"单片机原理及应用"课程,2004 年被评为吉林师范大学优秀课程,2005 年被评为吉林省优秀课程,2007 年被评为吉林师范大学网络课程,2008 年获吉林师范大学教学成果奖二等奖和吉林省教育技术成果三等奖,2009 年被评为吉林省精品课,2017 年被立项建设吉林省精品在线课程。课题组在对原有资源进行总结的基础上,引入了最新的技术和项目资源,改变了传统的教材设置模式,以项目开发作为背景,将重要概念和知识点有机地融入每个项目,尽最大努力去吸引读者。

　　本书由吉林师范大学信息技术学院的王春武、刘春玲担任主编。其中,王春武编写了项目七至项目十四和附录 C,并对本书的所有项目进行了调试;刘春玲编写了项目一至项目六、附录 A 和附录 B。最后由王春武负责全书的统稿。

　　在本书的在线资源建设中,得到了张英平、汪建和王立忠老师的大力支持,同时本书在编写的过程中得到了"吉林师范大学教材出版基金"的资助,在此表示衷心感谢。

　　由于编者水平有限,书中难免有不足之处,恳请读者批评指正。

编　者

2020 年 9 月

目 录
CONTENTS

项目一

流水灯的设计

本项目以驱动流水灯为设计目标,逐步介绍单片机的发展史、单片机的分类、AT89C51单片机的最小系统、单片机开发环境 Keil 软件的基本用法、仿真软件 Proteus 的基本用法等,最后介绍流水灯的具体设计过程。

1.1 项目目标

学习目标:了解单片机的发展史,掌握单片机的内部结构和编程方法。
学习任务:利用 8 只 LED 实现流水灯效果。
实施条件:单片机、LED、电阻、电容、晶振等。

1.2 准备工作

1.2.1 单片机简介

单片机(Single-Chip Microcomputer,MCU)是将中央处理器(Central Processing Unit,CPU)、随机存取存储器(Random Access Memory,RAM)、只读存储器(Read-Only Memory,ROM)、基本输入输出端口(Input/Output Port,I/O)、中断系统、定时器/计数器、显示驱动电路、脉宽调制电路、模数转换器(Analog to Digital Converter,ADC)等模块集成到一块硅片上的微型计算机系统。单片机广泛应用于仪器仪表、家用电器、医用设备、航空航天、专用设备的智能化管理及过程控制等领域。单片机的基本结构如图 1.1 所示。

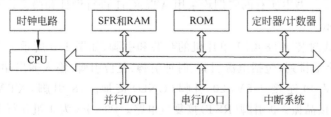

图 1.1 MSC-51 单片机的基本结构

20 世纪 80 年代,以 Intel 公司的 MSC-51 单片机为代表,其发展历史分为以下四个阶段。

第一阶段(1976—1978 年):单片机的探索阶段。以 Intel 公司的 MCS-48 为代表。MCS-48 的推出是在工控领域的探索,参与这一探索的公司还有 Motorola、Zilog 等,都取得了满意的效果。

第二阶段(1978—1982 年):单片机的完善阶段。Intel 公司在 MCS-48 基础上推出了完善的、典型的单片机系列 MCS-51。它在以下几方面奠定了典型的通用总线型单片机体系结构。

(1) 完善的外部总线。MCS-51 设置了经典的 8 位单片机的总线结构,包括 8 位数据总线、16 位地址总线、控制总线及串行通信接口。

(2) CPU 外围功能单元的集中管理模式。

(3) 体现工控特性的位地址空间及位操作方式。

(4) 指令系统趋于丰富和完善,并且增加了许多突出控制功能的指令。

第三阶段(1982—1990 年):8 位单片机的巩固发展及 16 位单片机的推出阶段,也是单片机向微控制器发展的阶段。Intel 公司推出的 MCS-96 系列单片机,将一些用于测控系统的模数转换器、程序运行监视器、脉宽调制器等纳入片中,体现了单片机的微控制器特征。随着 MCS-51 系列的广泛应用,许多电气厂商竞相使用 8051 为内核,将许多测控系统中使用的电路技术、接口技术、多通道 A/D 转换部件、可靠性技术等应用到单片机中,增强了外围电路功能,强化了智能控制的特征。

第四阶段(1990 年至今):微控制器的全面发展阶段。随着单片机在各个领域全面深入的发展和应用,出现了高速、大寻址范围、强运算能力的 8 位、16 位、32 位通用型单片机,以及小型廉价的专用型单片机。

MCS-51 是指由美国 Intel 公司生产的一系列单片机的总称,这一系列单片机包括多个型号,如 8031、8051、8751、8032、8052、8752 等。其中 8051 是最典型的产品,该系列的其他型号的单片机是在 8051 的基础上进行功能的增减而来的,所以习惯用 8051 来称呼 MCS-51 系列单片机。Intel 公司将 MCS-51 的核心技术授权给了很多其他公司,所以有很多公司在生产以 8051 为核心的单片机。当然,为了适应不同的需求,不同型号的单片机具有不同的内部资源。其中,在教学中常把美国 Atmel 公司生产的 89C51(简称 AT89C51)单片机作为研究对象,学习单片机的基本结构和用法。本书将以 AT89C51 单片机为研究对象,讲解单片机的使用方法。书中所有的实例均采用 AT89C51 进行设计和验证。AT89C51 单片机实物如图 1.2 所示。

以双列直插式封装 AT89C51 单片机的封装和引脚,如图 1.3 所示。该单片机共有 40 个引脚,按照 U 字形排列,包括电源引脚、时钟引脚、复位引脚、输入输出端口和存储器控制引脚。40 引脚(V_{CC})连接 +5V,20 引脚(GND)接地。18 引脚(XTAL2)和 19 引脚(XTAL1)用于连接晶振。9 引脚(RST)接复位电路。P0~P3 为 4 组并行 I/O 口。

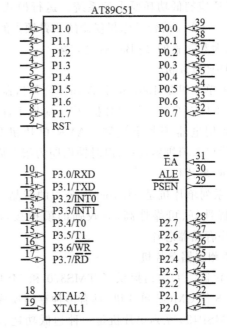

图 1.2　AT89C51 单片机实物图　　　图 1.3　AT89C51 单片机引脚图

1.2.2　单片机的种类

1. 基于 8051 内核的单片机

（1）Atmel 公司的 8 位单片机有 AT89 和 AT90 两个系列。AT89 系列是 8 位 Flash 单片机，与 8051 系列单片机相兼容，静态时钟模式；AT90 系列单片机是增强 RISC 结构、全静态工作方式、内载在线可编程 Flash 的单片机。

（2）STC 公司（宏晶科技）生产的系列单片机是基于 8051 内核的新一代增强型单片机。该类单片机的指令代码完全兼容传统 8051，速度比传统 8051 快 8～12 倍。该单片机集成了 ADC、脉冲宽度调制（Pulse Width Modulation，PWM）、多路串行口等资源，每片单片机有全球唯一 ID 号，加密性好，抗干扰强。STC 系列单片机支持串口程序烧写。这种单片机对开发设备的要求很低，开发时间也大大缩短。本书的所有实例均可采用 STC 公司的 89C51 单片机进行验证。

（3）Silicon Labs 公司生产的 C8051F 系列单片机的指令集与 MCS-51 完全兼容，具有标准 8051 的架构，可以使用标准的 805x 汇编器和编译器进行软件开发。CIP-51 采用流水线结构，70% 的指令执行时间为 1 个或 2 个系统时钟周期，是标准 8051 指令执行速度的 12 倍；其峰值执行速度可达 100MIPS，是目前世界上速度最快的 8 位单片机。

（4）CC2530 结合了领先的 RF 收发器的优良性能，是业界标准的增强型 8051 单片机。芯片内集成了可编程闪存、8KBRAM 和其他功能模块。CC2530 具有不同的运行模式，使得它尤其适应超低功耗要求的系统。运行模式之间的转换时间短进一步确保了低能源消耗。CC2530F256 结合了德州仪器的业界领先的黄金单元 ZigBee 协议栈(Z-Stack™),提供了一个强大和完整的 ZigBee 解决方案。

2. AVR 单片机

AVR 单片机是 1997 年由 Atmel 公司研制的增强型精简指令集(Reduced Instruction Set CPU,RISC)高速 8 位单片机,广泛应用于计算机外部设备、工业实时控制、仪器仪表、通信设备、家用电器等各个领域。AVR 单片机是显著的特点为高性能、高速度、低功耗。AVR 单片机取消机器周期,以时钟周期为指令周期,实行流水作业。

3. PIC 单片机

PIC 系列单片机是 Microchip 公司的产品,其突出的特点是体积小、功耗低、精简指令集、抗干扰性好、可靠性高,有较强的模拟接口,代码保密性好,大部分芯片有其兼容的 Flash 程序存储器芯片。

4. 德州仪器单片机

德州仪器(TI)公司提供了 TMS370 和 MSP430 两大系列通用单片机。TMS370 系列单片机是 8 位 CMOS 单片机,具有多种存储模式、多种外围接口模式,适用于复杂的实时控制场合;MSP430 系列单片机是一种超低功耗、功能集成度较高的 16 位低功耗单片机,特别适用于要求低功耗的场合。TI 推出一系列的 32 位单片机,其中 Piccolo 系列微处理器最具代表性。

5. 瑞萨单片机

瑞萨(RENESAS)半导体公司于 2003 年由日立制作所半导体部门和三菱电机半导体部门合并成立。瑞萨单片机结合了日立与三菱在半导体领域方面的先进技术和丰富经验,在无线网络、汽车、消费与工业市场设计制造嵌入式半导体领域具有广泛应用。

6. 意法半导体单片机

意法半导体(ST)微控制器拥有一个强大的产品阵容,从稳健的低功耗 8 位单片机 STM8 系列到基于各种 ARM Cortex-M0 和 M0+、Cortex-M3、Cortex-M4、Cortex-M7 内核的 32 位闪存微控制器 STM32 家族,为嵌入式产品开发人员提供了丰富的 MCU 选择资源。

1.2.3 AT89C51 单片机的基本特性

(1) 8 位 CPU。

(2) 片内有振荡器和时钟电路,工作频率为 1.2~12MHz。

(3) 片内有 128 字节(Byte)随机存储器。

(4) 片内带 4KB 程序存储器。

(5) 可寻址的地址空间为 64KB。

(6) 片内有 21 个特殊功能寄存器(Special Function Register,SFR)。

(7) 4 个 8 位的并行 I/O 端口:P0、P1、P2、P3。

(8) 2 个 16 位定时器/计数器(Timer/Counter)。

(9) 5 个中断源,两级中断优先级。

(10) 内置 1 个布尔处理器和 1 个布尔累加器。

(11) 1 个全双工的串行口。

(12) 采用 5V 单电源供电。

1.2.4 单片机的 I/O 端口

AT89C51 单片机共有 4 个 8 位并行 I/O 端口:P0 口、P1 口、P2 口和 P3 口,共 32 个引脚。P3 口还具有第二功能,用于特殊信号输入输出和控制信号。AT89C51 是标准的 40 引脚双列直插式集成电路芯片,引脚分布请参照图 1.3 中单片机的引脚图。

P0.0~P0.7:P0 口 8 位准双向口线(引脚的 32~39 号端子)。

P1.0~P1.7:P1 口 8 位准双向口线(引脚的 1~8 号端子)。

P2.0~P2.7:P2 口 8 位准双向口线(引脚的 21~28 号端子)。

P3.0~P3.7:P3 口 8 位准双向口线(引脚的 10~17 号端子)。

单片机 I/O 端口常见工作类型有准双向口/弱上拉(标准 8051 输出模式)、仅为输入(高阻)或者开漏输出功能。AT89C51 系列单片机的 P1 口、P2 口、P3 口上电复位后为准双向口/弱上拉(传统 8051 的 I/O 端口)模式,P0 口上电复位后是开漏输出。P0 口的逻辑框图如图 1.4 所示。P0 口可作通用 I/O 端口使用,又可作地址/数据总线口;当 P0 口作为通用的 I/O 端口使用时,是准双向口,必须外接 4.7~10kΩ 的上拉电阻。当 P0 口作 I/O 输入时,必须先向电路中的锁存器写入"1",使输出驱动电路的场效应管截止,以避免锁存器为"0"状态时对引脚读入的干扰。P0 口作通用 I/O 端口输出时,是开漏输出,可驱动 8 个 LSTTL 负载。当作为地址/数据线使用时,P0 口是一个真正双向口,分时复用为低 8 位地址总线和数据总线。P0 口的最大灌电流为 12mA,其他 I/O 端口的最大灌电流为 6mA。

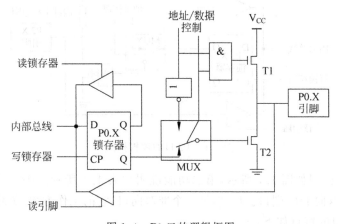

图 1.4 P0 口的逻辑框图

P1 口的逻辑框图如图 1.5 所示。P1 口是一个具有内部上拉电路的 8 位双向 I/O 端口。P1 口的特点如下:

（1）P1 口的每个引脚内部集成了 10kΩ 的上拉电阻。

（2）P1 口的每个引脚可驱动 4 个 LS 型 TTL 负载。

（3）若要执行输入功能，必须先输出高电平（"1"）才能读取该口所连接的外部数据。

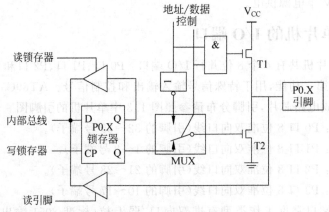

图 1.5　P1 口的逻辑框图

P2 口的逻辑框图如图 1.6 所示。P2 口是一个具有内部上拉电路的 8 位双向 I/O 端口，P2 口的特点如下：

（1）P2 口的每个引脚内部集成了 30kΩ 的上拉电阻。

（2）P2 口的每个引脚可驱动 4 个 LS 型 TTL 负载。

（3）若要执行输入功能，必须先输出高电平（"1"）才能读取该口所连接的外部数据。

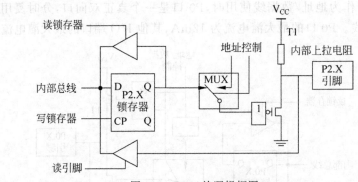

图 1.6　P2 口的逻辑框图

P3 口的逻辑框图如图 1.7 所示，第二功能说明如表 1.1 所示。P3 口是一个具有内部上拉电路的 8 位双向 I/O 端口。P3 口是一个准双向口，它的工作方式、负载能力均与 P1 和 P2 相同。P3 口的特点如下：

（1）P3 口的每个引脚内部集成了 30kΩ 的上拉电阻。

（2）P3 口的每个引脚可驱动 4 个 LS 型 TTL 负载。

（3）若要执行输入功能，必须先输出高电平（"1"）才能读取该口所连接的外部数据。

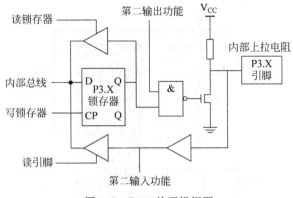

图 1.7　P3 口的逻辑框图

表 1.1　P3 口的第二功能

P3 口的引脚	第二功能标签	第二功能说明
P3.0	RXD	串行输入口
P3.1	TXD	串行输出口
P3.2	$\overline{INT0}$	外部中断 0 输入口
P3.3	$\overline{INT1}$	外部中断 1 输入口
P3.4	T0	定时器/计数器 0 外部时间脉冲输入端
P3.5	T1	定时器/计数器 1 外部时间脉冲输入端
P3.6	$\overline{WR}$	外部数据存储器写脉冲
P3.7	$\overline{RD}$	外部数据存储器读脉冲

1.2.5　单片机的最小系统

单片机的最小系统是指用最少的元件组成的单片机可以工作的系统,是单片机可以正常工作的最简单的电路。AT89C51 单片机的最小系统通常包括电源电路、时钟电路、复位电路等,如图 1.8 所示。

1. 电源电路

引脚 40 接＋5V 电源(V_{CC}),引脚 20 接地(GND)。为提高电路的抗干扰能力,可选择一个 $0.1\mu F$(器件标注为 104)的瓷片电容器和一个 $10\mu F$ 的电解电容器跨接在 V_{CC} 和 GND 之间。

2. 时钟电路

系统时钟是微处理器内部电路工作的基础。AT89C51 单片机的时钟频率为 $0\sim24MHz$。单片机内部有可以构成振荡器的放大电路。在该放大电路的对外引脚 XTAL2(引脚 18)和 XTAL1(引脚 19)接上晶振和电容器就可以构成单片机的时钟电路。

图 1.8 所示的时钟电路由晶振 CYS 和电容 C1、C2 组成。单片机的时钟频率取决于晶振 CYS 的频率。电容器 C1 与 C2 的取值为 $30\sim50pF$。时钟电路采用晶振的目的是提高时

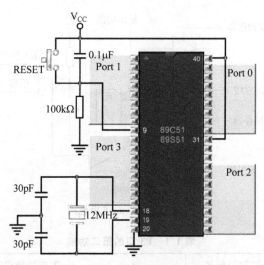

图 1.8　AT89C51 单片机的最小系统

钟频率的稳定性。AT89C51 单片机晶振可以采用 12MHz、11.0592MHz、6MHz 等,在正常工作的情况下可以采用更高频率的晶振。晶振的振荡频率直接影响单片机的处理速度,在晶振频率允许范围内,频率越大,单片机的处理速度越快。

3. 复位电路

AT89C51 单片机的引脚 RST(引脚 9)保持 24 个时钟周期的高电平,单片机就可以完成复位。通常为了保证系统可靠复位,复位电路应使引脚 RST 保持 10ms 以上的高电平。当引脚 RST 从高电平变为低电平时,单片机退出复位状态,从程序空间的 0000H 地址开始取指令并执行用户程序。

复位电路由电容串联电阻构成,由电容电压不能突变的性质可知,当系统接通电源时,RST 脚将出现高电平,并且该高电平持续的时间由电路的 R×C 的值来决定。适当组合 RC 的取值就可以保证可靠的复位。一般推荐 C 取 0.1μF,R 取 100kΩ。

1.2.6　AT89C51 单片机的存储器结构

AT89C51 单片机的存储器结构与一般微机的存储器结构不同,分为程序存储器 ROM 和数据存储器 RAM。程序存储器存放程序、固定常数和数据表格。数据存储器用作工作区及存放变量。

1. 程序存储器

单片机的程序存储器,从物理结构上可分为片内和片外程序存储器。而对于片内程序存储器,在 MCS-51 系列单片机中,不同的芯片各不相同。8031 和 8032 内部没有 ROM,8051 内部有 4KBROM,8751 内部有 4KB EPROM,8052 内部有 8KB ROM,8752 内部有 8KB EPROM。对于内部有 ROM 的芯片,根据情况外部可以扩展 ROM,但内部 ROM 和外部 ROM 共用 64KB 存储空间,其中,片内程序存储器地址空间和片外程序存储器的低地址空间重叠。利用单片机的引脚 EA 进行片内外存储器的选择,当 EA 引脚为高电平时,表示使用内部程序存储器,否则选择外部存储器。当然,在目前的应用中,单片机(如 AT89C51)内部已经集成了一定容量的存储器,没有必要进行外部扩展。因此,EA 引脚一般接高电平。而在 STC 公司的众多型号单片机中,已经取消了 EA 引脚。

AT89C51 单片机复位后,程序计数器(Program Counter,PC)的值为 0000H,即复位后程序从该地址开始执行。因为单片机的中断入口地址也保存在该起始地址附近,因此无法从该地址开始保存大量代码。中断入口地址如表 1.2 所示。每个中断入口地址之间仅间隔 8 字节,用于保存中断服务函数的入口地址。所以,一般要把用户程序存放在 0100H 开始的区域。

表 1.2　程序存储器中的特殊地址

中　断　源	入　口　地　址
复位地址	0000H
外部中断 0	0003H
定时器/计数器 0	000BH
外部中断 1	0013H
定时器/计数器 1	001BH
串行口	0023H

2. 数据存储器

AT89C51 单片机的内部 RAM 共有 256 字节,通常把这些字节按其功能划分为两部分:低 128 字节(地址 00H～7FH)和高 128 字节(地址 80H～FFH),各区域的地址安排如图 1.9 所示。

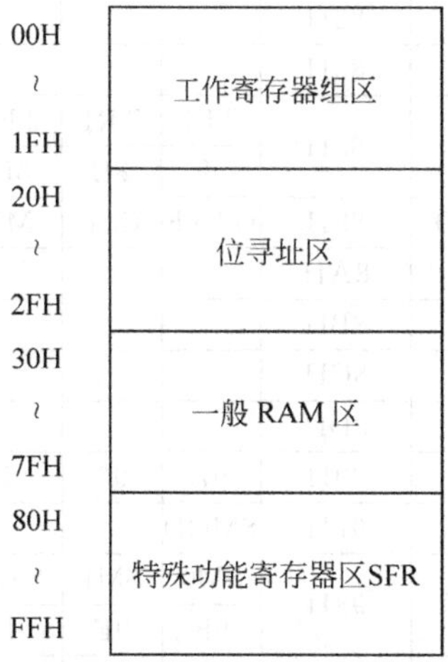

图 1.9　AT89C51 单片机片内数据存储器的分配

AT89C51 共有 4 组寄存器,用于存放操作数中间结果,每组 8 个寄存单元,各组都以

R0~R7 作寄存单元编号。寄存器常由于它们的功能及使用不作预先规定,因此,称为通用寄存器或工作寄存器。4 组通用寄存器占据内部 RAM 的 00H~1FH 单元地址。在任一时刻,CPU 只能使用其中的一组寄存器,并且把正在使用的那组寄存器称为当前寄存器组。到底是哪一组,由程序状态字(Program Status Word,PSW)寄存器中 RS1、RS0 位的状态组合来决定。

内部 RAM 的 20H~2FH,既可作为一般 RAM 字节使用,进行字节操作,也可以对字节中的每一位进行位操作,因此,把该区称为位寻址区。位寻址区共有 16 字节,即 128 位(bit),地址为 00H~7FH。AT89C51 单片机具有布尔处理机功能,该位寻址区可以构成布尔处理机的存储空间。

在内部 RAM 的低 128 字节中,通用寄存器占用 32 字节,位寻址区占用 16 字节,剩下 80 字节是供用户使用的一般 RAM 区,其字节地址为 30H~7FH。对用户 RAM 区的使用没有任何规定或限制,但在一般应用中常需把堆栈开辟在此区中。

内部 RAM 的高 128 字节是供给专用寄存器使用的,其字节地址为 80H~FFH。因这些寄存器的功能已作专门规定,故称为专用寄存器(Special Function Register,SFR),也可称为特殊功能寄存器,如表 1.3 所示。字节地址能被 8 整除的 SFR 既能按字节方式处理,也能够按位方式寻址。

表 1.3　特殊功能寄存器

特殊功能寄存器名称	符号	地址	位地址与位名称							
			D7	D6	D5	D4	D3	D2	D1	D0
P0 口	P0	80H	87	86	85	84	83	82	81	80
堆栈指针	SP	81H								
数据指针低字节	DPL	82H								
数据指针高字节	DPH	83H								
定时器/计数器控制	TCON	88H	TF1	TR1	TF0	TR0	IE1	IT1	IE0	IT0
			8F	8E	8D	8C	8B	8A	89	88
定时器/计数器方式	TMOD	89H	GATE	C/T	M1	M0	GATE	C/T	M1	M0
定时器/计数器 0 低字节	TL0	8AH								
定时器/计数器 0 高字节	TH0	8BH								
定时器/计数器 1 低字节	TL1	8CH								
定时器/计数器 1 高字节	TH1	8DH								
P1 口	P1	90H	97	96	95	94	93	92	91	90
电源控制	PCON	97H	SMOD				GF1	GF0	PD	IDL
串行口控制	SCON	98H	SM0	SM1	SM0	REN	TB8	RB8	TI	RI
			9F	9E	9D	9C	9B	9A	99	98
串行口数据	SBUF	99H								
P2 口	P2	A0H	A7	A6	A5	A4	A3	A2	A1	A0

续表

特殊功能寄存器名称	符号	地址	位地址与位名称							
			D7	D6	D5	D4	D3	D2	D1	D0
中断允许控制	IE	A8H	EA		ET2	ES	ET1	EX1	ET0	EX0
			AF		AD	AC	AB	AA	A9	A9
P3 口	P3	B0H	B7	B6	B5	B4	B3	B2	B1	B0
累加器	A	E0H	E7	E6	E5	E4	E3	E2	E1	E0
寄存器 B	B	F0H	F7	F6	F5	F4	F3	F2	F1	F0

CPU 专用寄存器：累加器 A(E0H)、寄存器 B(F0H)、程序状态寄存器 PSW(D0H)、堆栈指针 SP(81H)、数据指针 DPTR(82H、83H)。

并行口：P0～P3(80H、90H、A0H、B0H)。

串行口：串口控制寄存器 SCON(98H)、串口数据缓冲器 SBUF(99h)、电源控制寄存器 PCON(87H)。

定时器/计数器：方式寄存器 TMOD(89H)，控制寄存器 TCON(88H)，初值寄存器 TH0、TL0(8CH、8AH)/TH1. TL1(8DH、8BH)。

中断系统：中断允许寄存器 IE(A8H)，中断优先级寄存器 IP(B8H)。

复位后特殊功能寄存器的默认值如表 1.4 所示。

表 1.4　复位后特殊功能寄存器的默认值

特殊功能寄存器	初始内容	特殊功能寄存器	初始内容
A	00H	TCON	00H
PC	0000H	TL0	00H
B	00H	TH0	00H
PSW	00H	TL1	00H
SP	07H	TH1	00H
DPTR	0000H	SCON	00H
P0～P3	FFH	SBUF	XXXXXXXB
IP	XX000000B	PCON	0XXX0000B
IE	0X000000B	TMOD	00H

1.2.7　软件介绍

Keil C51 是美国 Keil Software 公司出品的 51 系列兼容单片机软件开发系统。Keil C51 提供了包括 C 编译器、宏汇编、链接器、库管理和一个功能强大的仿真调试器等在内的完整开发方案，通过一个集成开发环境(μVision)将这些部分组合在一起。软件界面如图 1.10 所示。

Proteus 软件是英国 Lab Center Electronics 公司推出的 EDA 工具软件。它不仅具有

图 1.10　Keil 软件开发界面

其他 EDA 工具软件的仿真功能,还能仿真单片机及外围器件。从原理图布图、代码调试到单片机与外围电路协同仿真,一键切换到印制电路板(Printed Circuit Board,PCB)设计,真正实现了从概念到产品的完整设计。Proteus 将电路仿真软件、PCB 设计软件和虚拟模型仿真软件三合一,其处理器模型支持 8051、PIC、AVR、ARM、8086、MSP430、Cortex 和 DSP 等系列处理器。Proteus 仿真界面如图 1.11 所示。

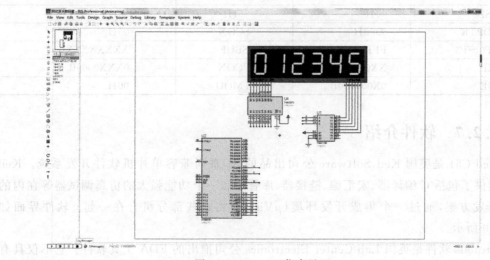

图 1.11　Proteus 仿真界面

1.3 项目实现

绘制 AT89C51 单片机的最小系统包括四部分：电源、时钟脉冲、复位电路和存储器设置电路。

（1）将单片机接入电源。40 引脚接+5V,20 引脚接地。

（2）在 18 引脚、19 引脚连接晶振,默认采用 12MHz。

（3）连接复位电路。

（4）基本电路的最后一部分是存储器设置。若把 31 引脚（EA）接地,则采用外部程序存储器；若 EA 接 V_{CC},则采用内部程序存储器。因 AT89C51 单片机具有内部程序存储器,所以 EA 与 V_{CC} 相连。

目前,在单片机外围模块中,发光二极管是最常见的显示设备。该流水灯设计的关键就是利用单片机来控制发光二极管亮灭。按照本项目所要实现的功能要求,设计电路如图 1.12 所示。由 P2 以灌电流方式驱动 8 只 LED,且每只 LED 上串联 330Ω 限流电阻。当某个引脚输出低电平时,LED 点亮,否则 LED 熄灭。

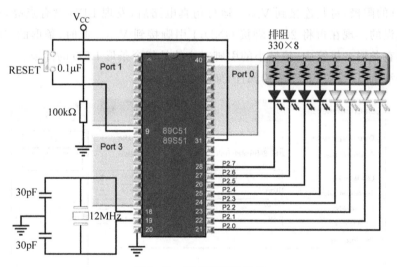

图 1.12　流水灯系统电路

打开 Proteus 仿真软件,单击左侧工具栏上的添加元件模式按钮 Component,进入挑选元件模式。在关键字处输入 LED,可双击选中该模块。LED 在 Proteus 中有两种形式：一种是条形的 LED；另一种是独立的 LED。如在关键字处输入 LED-GREEN,然后选择绿色的 LED。若在关键字处输入 LED-BARGRAPH-GRN,则可以添加条形 LED。在关键字处输入 RESP,添加电阻排。

条型 LED 仿真元件如图 1.13 所示，它由 LED 并联而成，其内部每个 LED 将阳极和阴极独立引出到模块外部。在仿真软件中，没有标注条形发光二极管的极性，因此，需要在使用前进行条形二极管的极性测试。在工具栏中找到终端按钮，将电源信号 V_{CC} 和 GND 添加到 Proteus 的绘图区。

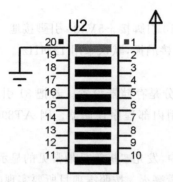

图 1.13　条形 LED 模块的仿真图

先测试第一只条形二极管的极性。假设 1 引脚为 LED 的阴极，将其连接到 GND,20 引脚为 LED 的阳极，将其连接到 V_{CC}。运行仿真电路后，发现 LED 没有点亮，这说明刚才的假设是错误的。现在再将 20 引脚接 GND,1 引脚接到 V_{CC}。此时，条形的二极管就被点亮了。说明在条形二极管中，编号小的引脚对应的是每个条形 LED 的阳极。

双击条型 LED 模块，观察它的属性，如图 1.14 所示。

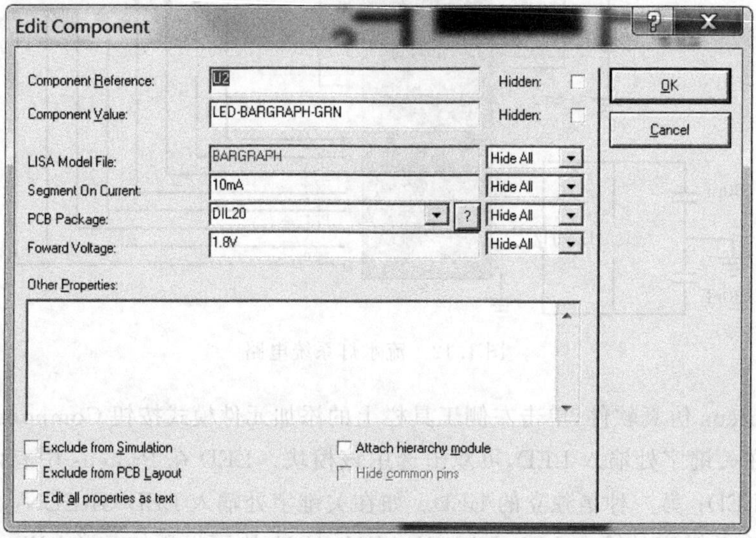

图 1.14　条形 LED 模块的属性窗口

　　由图 1.4 可知，LED 的导通电压是 1.8V，额定电流为 10mA。将电阻 RES 添加到
Proteus 的绘图区，然后将该电阻和每个条形发光二极管串联在一起。由于系统供电电压
默认为 5V，条形 LED 导通后的压降为 1.8V，因此，与二极管串联后电阻上分担的压降应为
3.2V，又因为条形 LED 的额定电流为 10mA，可知每个限流电阻值应为 320Ω。同理，双击
普通 LED 模块，可以查看 LED 的属性，得到普通 LED 的导通后的压降为 2.2V，因此，与二
极管串联后电阻上分担的压降应为 3.8V，得出限流电阻值为 380Ω。

　　电阻排是由多个电阻并联而成的模块。图 1.15 中电阻排的 1 引脚需连接电源正极
V_{CC}，其他引脚需和条形 LED 的阳极相连。将条形 LED 的每个引脚与单片机的 P2 口的 8
个引脚相连。仿真电路如图 1.15 所示。

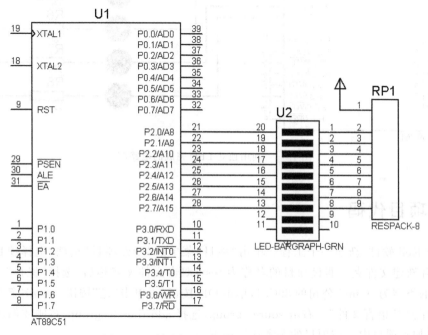

图 1.15　利用条形二极管和电阻排连接电路

　　当然，本项目也可以采用独立的 LED 完成设计。正常情况下，单片机可以采用两种方
法与 LED 相连：一种是灌电流（输入）连接方法；另一种是拉电流（输出）连接方法。由于
AT89C51 单片机采用灌电流驱动时，引脚可以承受毫安量级电流输入，而拉电流是微安量
级的输出，无法利用这样小的电流来点亮 LED。因此，一般采用灌电流来驱动 LED。但是
对于一些特殊型号的单片机，例如 STC5410AD 单片机，具有推挽输出能力，某些引脚的拉
电流输出也可以达到毫安量级，则采用灌电流或拉电流方式都可以驱动 LED。采用独立
LED 的项目电路如图 1.16 所示。

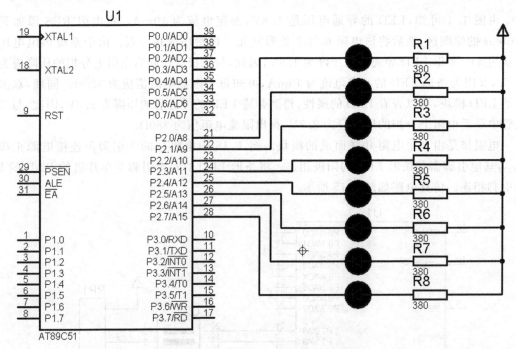

图 1.16　利用独立 LED 完成的电路图

1.4　项目代码

打开 Keil 软件,新建一个工程。单击"项目"菜单的"新建项目"选项,选择项目所保存的位置,并新建文件夹。假设项目的名称为 test,双击文件夹名称后,选择"保存"。然后选择 CPU 的类型为 Atmel 公司的 89C51,单击 OK 按钮,再单击"是"按钮。单击"新建文件",单击"保存为 C 语言文件"。右击 source group,选择 add files to group,将刚才创建的 C 语言文件添加到项目中。该项目的参考代码如下:

```
1    # include "reg51.h"
2    # define LED P2
3
4    void Delay1ms(int n)
5    {
6      int i,j;
7
8      for(i = 0;i < n;i++)
9        for(j = 0;j < 120;j++);
10   }
11   void main()
12   {
13     unsigned char i,mode;
14
```

```
15    while(1)
16    {
17      for(i = 0,mode = 1;i < 7;i++)
18      {
19          LED = ~mode;
20          Delay1ms(100);
21          mode << = 1;
22      }
23      for(i = 0,mode = 0x80;i < 7;i++)
24      {
25          LED = ~mode;
26          Delay1ms(100);
27          mode >> = 1;
28      }
29    }
30    }
```

利用移位运算和取反运算实现流水灯的驱动。由于本例中 LED 采用低电平(灌电流)触发,因此,每次将 mode 变量逐位取反后再赋值给 LED 对应的端口。左移时,mode 初值为 1,即 8 位二进制的最低位为 1。每进行一次 mode<<=1 后,mode 中的所有二进制位将依次向左移动一次(见第 21 行),最低位移进来一个 0,而此时 mode 中的 1 被移动到了第 i 个位置,为下次输出做准备。在右移时,mode 初值为 0×80,即 8 位二进制的最高位为 1,其编程思路与左移相似。

利用变量 i 控制流水的次数,8 只 LED 依次循环 8 次。利用双重 for 循环实现软件延时,形参 n 控制延时时长。

程序编写完毕后,右击项目列表中的 Target,弹出对话框如图 1.17 所示。单击 Output 选项卡,勾选 Create HEX File 选项,然后编译项目。打开 Proteus 仿真电路图,双击单片机后,将刚才生成的 hex 类型文件加载到单片机中,运行后可查看仿真结果。

图 1.17　Target 选项对话框

1.5　项目总结

本项目重点讨论了单片机的基础知识，研究了 LED 的驱动方法，实现了流水灯的设计。并通过示例学习了 Keil 和 Proteus 软件的基本用法。

思考问题：如何实现更多花样的流水灯设计？

1.6　习题

1. CPU 主要的组成部分为（　　）。
   A. 运算器、控制器　　　　　　　　　　B. 加法器、寄存器
   C. 运算器、寄存器　　　　　　　　　　D. 运算器、指令译码器

2. Intel 公司 MCS-51 单片机的 CPU 是（　　）位。
   A. 4　　　　　　　B. 8　　　　　　　C. 16　　　　　　D. 32

3. 已知某数的 BCD 码为 0111 0101 0100 0111，则其表示的十进制数值为（　　）。
   A. 7547H　　　　　B. 7547　　　　　C. 75.47H　　　　D. 75.47

4. CPU 又称为（　　）。
   A. 运算器　　　　　B. 中央处理器　　　C. 控制器　　　　D. 输入输出设备

5. 双列直插式封装的 89C51 单片机有（　　）引脚。
   A. 16　　　　　　　B. 20　　　　　　　C. 32　　　　　　D. 40

6. AT89C51 单片机的工作频率最大为（　　）。
   A. 6MHz　　　　　B. 12MHz　　　　　C. 24MHz　　　　D. 48MHz

7. AT89C51 单片机的可靠复位需在 RST 引脚产生（　　）电平。
   A. 低　　　　　　　B. 高　　　　　　　C. 未知　　　　　D. 先低后高

8. 计算机中常用于表达数值的码制有（　　）。
   A. 原码　　　　　　B. 反码　　　　　　C. 补码　　　　　D. ASCII 码

9. AT89C51 单片机最小系统包括（　　）。
   A. 复位电路　　　　　　　　　　　　　B. 时钟电路
   C. 电源电路　　　　　　　　　　　　　D. 存储器设置电路

10. 每个发光二极管上串联的电阻又称为（　　）。
    A. 电流电阻　　　B. 上拉电阻　　　C. 下拉电阻　　　D. 光敏电阻

项目二

键控流水灯的设计

在基于单片机的智能控制系统中，按键是最常用的人机接口。按键一般分为独立按键和矩阵式按键，本项目将重点学习独立按键的驱动方法。

2.1 项目目标

学习目标：掌握独立按键的识别方法。

学习任务：利用 8 只 LED 实现流水灯效果，利用按键改变流水灯的流向。

实施条件：单片机最小系统、按键、LED 等。

2.2 准备工作

2.2.1 按键的组成原理

按键是进行人机交互的重要输入设备，主要用于输入数据和参数设置。按键按照结构可分为两类：一类是触点式按键，如机械式按键、导电橡胶式按键等；另一类是无触点式按键，如电气式按键、磁感应按键等。目前，单片机系统中最常见的是触点式按键，按照硬件连接方式可分为独立按键和矩阵式按键。本项目将重点学习独立按键的使用方法。

独立按键一般应用在按键个数较少的控制系统中。其特点在于每个按键占用一个独立的 I/O 引脚，硬件连线和程序设计较简单。独立按键的常见硬件连线如图 2.1 所示。按键的输入端与 P2.3 相连，再连接一个上拉电阻。若按键为打开状态，则 P2.3 经 10kΩ 电阻连接到 V_{CC}，使 P2.3 变为高电平；若按键切换到闭合状态，则 P2.3 的输入变为低电平。

机械式按键在按下或释放时，由于机械弹性的作用，通常伴有一定时间的机械抖动，然后才能稳定下来。机械抖动示意图如图 2.2 所示。这种抖动在按键按下和抬起时会持续 10~20ms。因此，在对按键进行识别时，一般执行 10~20ms 的延时，以避开按键的不稳定状态，待按键进入理想状态后，再对按键进行识别，该过程也称为按键去抖动。

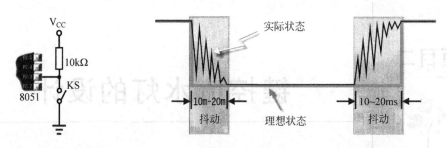

图 2.1　按键的驱动方式对比　　　　图 2.2　按键按下和抬起时的抖动

2.2.2　按键的驱动

在项目 1 的基础上,增加一个按键连接在 P1.0 引脚,项目的仿真电路如图 2.3 所示。

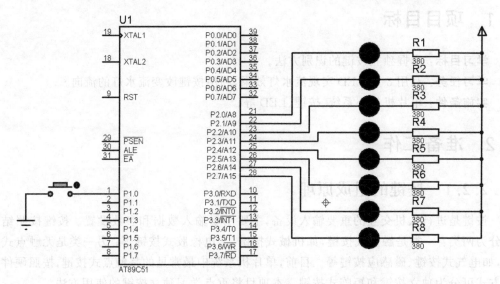

图 2.3　项目仿真电路

编程时,利用 sbit 定义按键对应的引脚,即 sbit k＝P1^0,注意 P1 作为端口名称要大写,"^"号用于获取端口的具体引脚,取值为 0~7。

独立按键的两个常用的驱动识别方法是循环等待法和键标志法。

1. 循环等待法

循环等待法进行按键识别代码如图 2.4 所示。在主函数中,反复读取按键的状态,一旦发现按键对应的引脚变为低电平,则说明按键可能按下了,调用 Delay 函数延时 10~20ms,避开按键的抖动区间后,再次判断按键对应的引脚是否仍然为低电平,若为低电平,则说明已经检测到了真实的按键按下信号。此时,调用按键处理函数 Key,完成按键的处理。由于单片机扫描过程非常快(微秒量级),所以在循环中再次判断按键状态时,按键仍然为按下状态,容易产生按下一次按键出现多次响应的情况。为了实现按键的一次响应,即按一下按键系统只动作一次,则需判断按键的抬起状态,仅当按键抬起后,才算一次完整的按键过程。第 35 行代码用于等待按键抬起。

```
25  void main()
26  {
27      while(1)
28      {
29          if(!K0)
30          {
31              Delay10ms();
32              if(!K0)
33              {
34                  Key();
35                  while(!K0);
36              }
37          }
38      }
39  }
```

图 2.4　循环等待法按键识别

2. 按键标志法

循环等待法中利用到了 while(!K0)语句。当按键按下不释放时,K0 始终为 0,这必然会导致 CPU 一直在执行该循环,从而导致 CPU 的效率变低,在实际应用中这种方法很少使用。现在介绍另一种常用的按键识别方法——按键标志法,具体实现代码如图 2.5 所示。利用标志变量 key_mark 标记按键的状态,key_mark 为 0 代表无键按下,为 1 则代表有键按下。当有键按下后,将 key_mark 置 1,当识别按键抬起后,再将 key_mark 恢复成 0。当key_mark 为 1 后,即使以后按键一直处于按下的状态,第 24 行的语句也不再成立,即一次按键后,key 函数只被执行一次。只有当按键完全抬起后,第 33 行才成立,此时将 key_mark 恢复为 0,为下次按键识别做准备。

```
20  void main()
21  {
22      while(1)
23      {
24          if(!K0 && !key_mark)
25          {
26              Delay10ms();
27              if(!K0)
28              {
29                  Key();
30                  key_mark=1;
31              }
32          }
33          else if(K0)
34              key_mark=0;
35      }
36  }
```

图 2.5　按键标志法按键识别

2.3　项目代码

参考代码如下：

```
1      # include "reg51.h"
2
3      sbit K0 = P1^0;
4      bit key_mark,direction;
5
6      char index,Buf[9] = {0xff,0xfe,0xfc,0xf8,0xf0,0xe0,0xc0,0x80,0x00};
7
8      void Delay()
9      {
10       int i;
11       for(i = 0;i < 10000;i++);
12     }
13
14     void Delay10ms()
15     {
16       int i;
17       for(i = 0;i < 1000;i++);
18     }
19
20     void Key()
21     {
22       direction = !direction;
23     }
24
25     void main()
26     {
27       while(1)
28       {
29         if(!direction)
30         {
31             if(++index > 8)
32                 index = 0;
33         }
34         else
35         {
36             if( -- index < 0)
37                 index = 8;
38         }
39         P2 = Buf[index];
40         Delay();
41
```

```
42        if(!K0 && !key_mark)
43        {
44          Delay10ms();
45          if(!K0)
46          {
47            Key();
48            key_mark = 1;
49          }
50        }
51        else if(K0)
52          key_mark = 0;
53      }
```

在项目代码中的第 4 行声明 direction,用于保存当前的流水方向。第 6 行声明 Buf 数组用于保存流水灯的样式。第 8～12 行的 Delay 函数用于实现 10～20ms 延时,以躲过按键的抖动区间。第 20～23 行,Key 函数用于识别按键并设置流水方向。第 29～38 行,判断流水方向,并改变 index 值。第 39 行,根据 index 值获得对应的花样值。第 40 行,延时以观察LED 的改变。第 42～52 行,采用按键标志法进行按键识别。

2.4 项目总结

本项目重点学习了独立按键的原理和驱动方法,并实现了按键控制流水灯的设计。
思考问题:如何利用按键实现流水灯多种花样的手动切换?

2.5 习题

1. 机械按键一般采用(   )ms 进行延时去抖动。
   A. 1～5   B. 5～10   C. 10～20   D. 50～100

2. 下面(   )不是输入设备。
   A. ADC   B. 键盘   C. 打印机   D. 扫描仪

3. 下列(   )是单片机的总线类型。
   A. 地址总线   B. 控制总线   C. 数据总线   D. 输出总线

4. 机械按键的抖动时间是固定长度的。(   )
   A. 对   B. 错

5. 独立按键扫描时,采用键标志是为了实现按键的一次响应。(   )
   A. 对   B. 错

6. 在(   )状态下可能产生机械抖动。(   )
   A. 按键按下瞬间   B. 按键抬起瞬间

7. 不同机械性能的开关,其机械抖动时间不同。(   )

A. 对 B. 错

8. 定义按键对应的引脚使用的关键字是（　　）。

　　A. bit　　　　　　　　B. sbit　　　　　　　　C. int　　　　　　　　D. char

9. 键标志变量的定义采用的类型为（　　）。

　　A. bit　　　　　　　　B. sbit　　　　　　　　C. int　　　　　　　　D. char

10. 对 LED 的引脚进行定义采用的类型为（　　）。

　　A. bit　　　　　　　　B. sbit　　　　　　　　C. int　　　　　　　　D. char

项目三

方波发生器的设计

定时器是单片机内部的重要资源,可用于定时、计数、波形发生等用途。本项目将讲解定时器/计数器的基本结构、工作方式、定时器的初始化步骤和用法等。最后,分别以查询方式和中断方式实现方波发生器的设计。从本项目起,将引入与定时器有关的特殊功能寄存器和中断的概念。

3.1　项目目标

学习目标:掌握定时器/计数器的用法。

学习任务:利用 P1.0 引脚输出 500Hz 的方波信号。

实施条件:单片机最小系统、示波器等。

3.2　准备工作

3.2.1　定时器/计数器的基本结构

AT89C51 单片机的定时器/计数器的结构原理如图 3.1 所示。

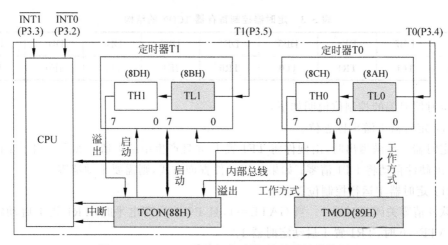

图 3.1　AT89C51 单片机定时器/计数器的结构原理

AT89C51 单片机有两个 16 位的可编程定时器/计数器：T0 和 T1。它们由 16 位加法计数器、方式寄存器 TMOD、控制寄存器 TCON 等部分组成。加法计数器用于对系统时间计数（定时）或对外部信号计数。TMOD 用于设定 T0 和 T1 的工作方式。TCON 用于对定时器/计数器的启动、停止进行控制。

3.2.2　TMOD 简介

定时器/计数器工作模式寄存器 TMOD 结构如表 3.1 所示。

表 3.1　寄存器 TMOD 的结构

位序号	DB7	DB6	DB5	DB4	DB3	DB2	DB1	DB0
位符号	GATE	C/T	M1	M0	GATE	C/T	M1	M0

GATE：门控制位。GATE＝0，定时器/计数器启动与停止仅受 TCON 寄存器中 TR_X（X＝0,1）控制。GATE＝1，定时器/计数器启动与停止由 TCON 寄存器中 TR_X（X＝0,1）和外部中断引脚（INT0 或 INT1）上的电平状态共同控制。

C/T：定时器和计数器模式选择位。C/T＝1 为计数器模式；C/T＝0 为定时器模式。

M1 M0：工作模式选择位如表 3.2 所示。

表 3.2　M1 M0 工作模式

M1	M0	工作模式
0	0	方式 0,13 位定时器/计数器
0	1	方式 1,16 位定时器/计数器
1	0	方式 2,8 位初值自动重装的 8 位定时器/计数器
1	1	方式 3,仅适用于 T0,分成两个 8 位计数器,T1 停止工作

定时器控制寄存器 TCON 的结构如表 3.3 所示。

表 3.3　定时器控制寄存器 TCON 的结构

位序号	DB7	DB6	DB5	DB4	DB3	DB2	DB1	DB0
符号位	**TF1**	**TR1**	**TF0**	**TR0**	IE1	IT1	IE0	IT0

与定时器有关的控制位说明如下：

TF1：定时器 1 溢出标志位。

当定时器 1 计满溢出时，由硬件将 TF1 置 1，并且产生中断申请。如果开启了定时器中断，那么由硬件自动将 FT1 清零；如果使用软件查询方式，则需要手动清零。

TR1：定时器 1 运行控制位。

由软件清零关闭定时器 1。当 GATE＝1，且 INIT 为高电平时，TR1 置 1 启动定时器 1；当 GATE＝0 时，TR1 置 1 启动定时器 1。

TF0：定时器 0 溢出标志，其功能及其操作方法同 TF1。

TR0：定时器 0 运行控制位，其功能及操作方法同 TR1。

每个定时器有 4 种工作模式，可通过设置 TMOD 寄存器中的 M1 和 M0 位进行工作方式选择。

在编写定时器驱动程序时，程序开始处需对定时器及中断寄存器做初始化设置，通常定时器初始化步骤如下：

(1) 对 TMOD 赋值，以确定 T0 和 T1 的工作方式。

(2) 计算初值，并将初值写入 TH0、TL0 或 TH1、TL1。

(3) 配置中断使能寄存器(Interrupt Enable，IE)，选择是否开放中断。

(4) TR0 和 TR1 置 1，启动定时器/计数器。

3.2.3　方式 1 工作原理

定时器 T0 的方式 1 的原理图如图 3.2 所示。

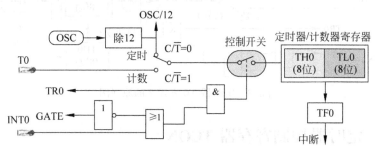

图 3.2　定时器 T0 方式 1 的原理图

方式 1 为 16 位定时器/计数器方式，计数值分别放置在 TH0 和 TL0 两个 8 位的计数寄存器中，其中 TH0 放置高 8 位，TL0 放置低 8 位。16 位计数范围为 $0 \sim 2^{16}$（即 65536）。

若要执行定时功能，则 C/T 位设置为 0，将对系统频率的 12 分频进行计数。由于系统时钟为已知量，所以计数值与系统频率的 12 分频后信号的周期的乘积即为定时的时间。若要执行计数功能，则 C/T 位设置为 1，将对 T0 引脚输入的脉冲进行计数。

开启定时器的两种方法如下。

(1) 外部启动，即将 GATE 位设置为 1，再将 TR0 位设置为 1，等待 INT0 引脚为高电平时，启动定时器。

(2) 内部启动，即将 GATE 位设置为 0，只要将 TR0 位设置为 1，即可启动定时器。

AT89C51 单片机的定时器采用加计数方式，当 16 位计数值溢出时，TF0 将被硬件置 1，即完成一次定时。当采用 12MHz 晶振时，定时器的工作频率为 12/12＝1MHz，即工作周期为 1μs。

如需定时 N 微秒，则说明在某一初值的基础上累计 N 次后定时器达到溢出条件，即 2^{16}，则计数初值应为 $2^{16}-N$，由补码的定义可知 $2^{16}-N=-N$，因此，可以直接按照初值是

−N 来配置定时器,然后将−N 分成高 8 位和低 8 位二进制数,分别存放到 TH0 和 TL0 寄存器中。−N 为 16 位二进制数,整体右移 8 次后,则其高 8 位将被移到低 8 位,然后将其赋值给 TH0,即 TH0=−N≫8;由于 TL0 是 8 位寄存器,因此,将−N 直接赋值为 TL0 时,会自动截取−N 的低 8 位,即 TL0=−N。

3.2.4 方式 2 工作原理

定时器 T0 的方式 2 的原理图如图 3.3 所示。工作方式 2 提供两个 8 位可自动加载的定时器,计数值放置在 TL0 计数寄存器中,当该定时器中断发生时,会自动将 TH0 寄存器的值装载到 TL0。8 位计数范围仅为 0~2^8(即 255)。如需定时 N 微秒,采用方式 2,则计数器的高 8 位和低 8 位均填入−N,即 TH0=TL0=−N 即可。

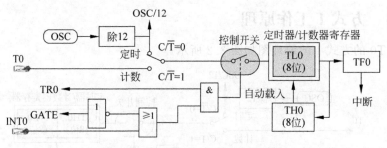

图 3.3 定时器 T0 方式 2 的原理图

3.2.5 定时器控制寄存器 TCON

定时器控制寄存器 TCON,其每各位含义如图 3.4 所示。

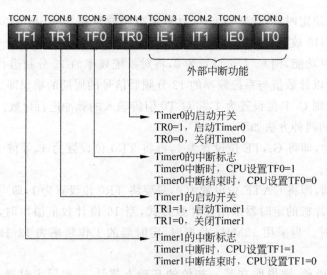

图 3.4 TCON 的结构与含义

TCON 的高 4 位控制定时器的启动与溢出,低 4 位用于外中断控制。字节地址为 88H,可以进行位寻址。其中 TF0/TF1 为定时器 T0/T1 的溢出标志位,当定时器溢出时,由硬件使其置 1,如中断允许,则触发中断,进入中断处理后由内部硬件电路自动清除。TR0/TR1 为 T0/T1 的启动位,可由软件置位或清零,当其为 1 时定时器启动,否则定时器停止。

3.2.6 定时器初始化步骤

根据项目要求,利用定时器输出 500 Hz 方波,即产生周期为 2ms 的方波信号,只需每隔 1ms 将单片机的某个引脚取反即可。当采用 12MHz 晶振,定时器的工作方式为 1 时,每次最多可计数 2^{16},即 $65536\mu s$,约 66ms,若计数 1000 次,则为 1ms。当工作方式为 2 时,每次最多可计数 2^8,即 $256\mu s$,约 0.25ms,若只计数 250,则为 0.25ms,若计数 4 次,则可实现 1ms 定时。

3.3 项目实现

3.3.1 查询方式

查询方式实现输出 500 Hz 方波的代码如图 3.5 所示。在程序中,定义单片机的头文件、方波输出的引脚、计数值 n。然后对定时器进行初始化,包括初值设置、方式设置和定时器启动等。最后在 while 循环中,查询 T0 溢出标志 TF0 是否为 1,若为 1,则将 TF0 清零,并且将 wave 引脚的状态取反,再重新设置初值。

3.3.2 中断方式

定时器有两种应用方式,分别是查询方式和中断方式。

(1) 查询方式。CPU 需不断地查询定时器的溢出标志的状态,若未发生溢出,则继续查询,否则执行其他程序。

(2) 中断方式。CPU 在执行程序的过程中,若出现定时器溢出事件,CPU 需暂停当前的程序,转去执行中断服务程序,执行完毕后,CPU 又返回原程序被中断的位置继续执行程序。

```
1  #include "reg51.h"
2  sbit wave=P1^0;
3  unsigned int  n=1000;
4
5  void main()
6  {
7
8      TH0=-n>>8;
9      TL0=-n;
10     TMOD=0X01;
11     TR0=1;
12
13     while(1)
14     {
15         if(TF0)
16         {
17             TF0=0;
18             wave=!wave;
19             TH0=-n>>8;
20             TL0=-n;
21         }
22     }
23  }
```

图 3.5 查询方式的代码实现

采用查询方式会占用过多的 CPU 周期,不利于程序的快速响应,而中断方式则适用于处理随机出现的事件,并且一旦中断事件发生,会立即执行,然后再返还断点继续执行其他任务，从而提高了 CPU 的利用率。例如，定时器溢出事件可触发定时器中断；当连接在外中断引脚上的信号出现下降沿的跳变时，可触发外中断；当串行口数据发送完毕或者接收到新数据时，可触发串行口中断。以上情况均适合采用中断方式处理。

中断系统应具备如下的基本功能。

（1）识别中断源。在中断系统中必须能够正确识别各中断源，以便区分各中断请求，从而为不同的中断请求服务。

（2）实现中断响应及中断返回。当 CPU 收到中断请求申请后，能根据具体情况决定是否响应中断，如果没有更高级别的中断请求，则在执行完当前指令后响应这一请求。响应过程应包括保护断点、保护现场、执行相应的中断服务程序、恢复现场、恢复断点等。当中断服务程序执行完毕后，CPU 返回被中断的程序继续执行。

（3）实现中断优先权排队。如果在系统中有多个中断源，可能会出现两个或多个中断源同时向 CPU 提出中断请求的情况，这样就必须要求设计者事先根据轻重缓急，给每个中断源确定一个中断级别，即优先权。当多个中断源同时发出中断请求时，CPU 能找到优先权级别最高的中断源，并优先响应它的中断请求；在处理完优先权级别最高的中断源以后，再响应级别较低的中断源。

（4）实现中断嵌套。当 CPU 响应某一中断的请求，在进行中断处理时，若有优先权级别更高的中断源发出中断请求，CPU 要能中断正在进行的中断服务程序，保留该程序的断点和现场，而响应高优先权的中断，在高优先权处理完以后，再继续执行被中断的中断服务程序，即形成中断嵌套。而当发出新的中断请求的中断源的优先权与正在处理的中断源同级或更低时，CPU 就可以不响应该中断请求，直至正在处理的中断服务程序执行完以后才去处理新的中断申请。

1．AT89C51 单片机的中断系统

AT89C51 系列单片机有 5 个中断源，包括外部中断 INT0、INT1，定时器中断 T0、T1，以及串行口中断。IE 是中断允许寄存器，IP（Interrupt Priority）是中断优先级寄存器，共分两级，分别是高优先级和低优先级。AT89C51 单片机的中断控制系统如图 3.6 所示。

外中断是由外部信号引起的中断信号，中断触发信号来自 INT0（P3.2）和 INT1（P3.3），其触发方式可以通过 IT0 或者 IT1 的值来设置为电平触发或者边沿触发。一旦有触发信号到来，IE0 或者 IE1 就被设置为高电平。经 IE 和 IP 传给 CPU 处理。当定时器发生溢出时，T0（TF0）或 T1（TF1）为高电平，进而向 CPU 提出中断请求。串行口中断的触发信号为 TI 或者 RI，分别表示串行口发送完毕中断标志和串行口接收到数据中断标志，这两个信号可以分别产生串行口中断请求。

当响应中断时，CPU 将根据每个中断服务函数的入口地址来执行中断服务函数。在 AT89C51 中，中断服务函数的地址是固定值，如表 3.4 所示。其中，每个中断入口地址也称为中断矢量地址。

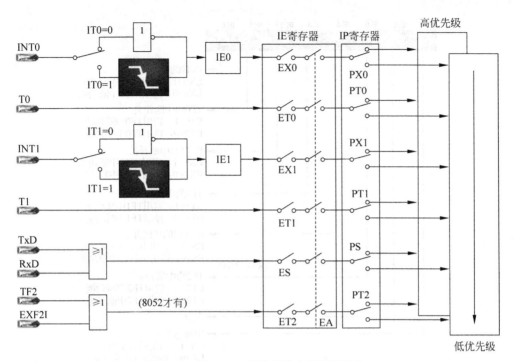

图 3.6　AT89C51 单片机的中断控制系统

表 3.4　中断矢量地址

中断源	中断矢量地址	中断源编号
外中断(INT0)	0003H	0
定时器(T)	000BH	1
外中断 1(IN1)	0013H	2
定时器 1(T1)	001BH	3
串行口(RI,TI)	0023H	4

　　IE 的结构图如图 3.7 所示。IE 分为两级结构,第一级结构为中断总开关 EA,只有当 EA 为 1 时才允许中断源申请中断;当 EA 为 0 时,无论 IE 寄存器中其他位处于什么状态,中断源中断请求信号均无效。第二级结构为 5 个中断允许控制位,分别对应 5 个中断源的中断请求,当对应中断允许控制位为 1 时,中断源的中断请求有效。

　　IE 寄存器各位的含义如下。

　　EX0:外部中断 0 允许位。EX0=1,允许外部中断 0 中断;EX0=0,禁止外部中断 0 中断。

　　ET0:T0 溢出中断允许位。ET0=1,允许 T0 中断;ET0=0,禁止 T0 中断。

　　EX1:外部中断 1 允许位。EX1=1,允许外部中断 1 中断;EX1=0,禁止外部中断 1 中断。

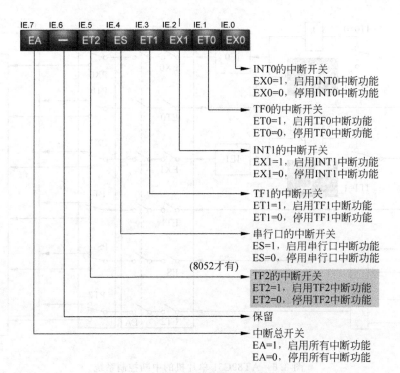

图 3.7 中断允许寄存器 IE 的结构图

ET1：T1 溢出中断允许位。ET1＝1，允许 T1 中断；ET1＝0，禁止 T1 中断。

ES：串行中断允许位。ES＝1，允许串行口中断；ES＝0，禁止串行口中断。

EA：中断总允许位。EA＝1，CPU 开放中断；EA＝0，CPU 禁止所有的中断请求。

为了实现对中断优先权的管理，在单片机内部提供了中断优先级寄存器 IP。该寄存器可以进行位寻址，即可对该寄存器的每一位进行单独操作。IP 的结构如图 3.8 所示。IP 保存了每个中断源的中断优先级控制位，某位置 1 时，对应中断源被设为高优先级，清零则对应的中断源为低优先级。

IP 寄存器各位的含义如下。

PT2（AT89C52 单片机才有）：定时器/计数器 2 中断优先级控制位。

PS：串行口中断优先级控制位。PS＝1，串行口中断定义为高优先级中断；PS＝0，串行口中断定义为低优先级中断。

PT1：定时器/计数器 1 中断优先级控制位。PT1＝1，定时器/计数器 1 中断定义为高优先级中断；PT1＝0，定时器/计数器 1 中断定义为低优先级中断。

PX1：外部中断 1 中断优先级控制位。PX1＝1，外部中断 1 定义为高优先级中断；PX1＝0，外部中断 1 定义为低优先级中断。

PT0：定时器/计数器 0 中断优先级控制位。PT0＝1，定时器/计数器 0 中断定义为高优先级中断；PT0＝0，定时器/计数器 0 中断定义为低优先级中断。

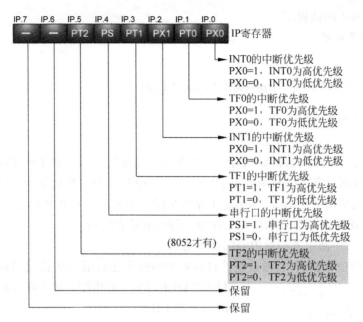

图3.8　中断优先级寄存器的结构图

PX0：外部中断0中断优先级控制位。PX0＝1，外部中断0定义为高优先级中断；PX0＝0，外部中断0定义为低优先级中断。

当系统复位后，AT89C51单片机的IP低5位全部为0，所有的中断源均被设置为低优先级。如果同时有多个中断源请求CPU的中断服务，则CPU通过内部硬件查询逻辑，按照优先级的顺序确定响应顺序。在默认情况下，中断优先级由高到低的顺序为：外中断0中断，定时器T0中断，外中断1中断，定时器T1中断，串行口中断。通过IP可以提升部分中断为高优先级中断。

2．中断响应过程

如果系统将某个中断使能，则当中断请求信号到来时，CPU会响应中断，中断响应过程如下。

（1）置相应的优先级触发器状态为1，指示CPU正在响应的中断优先权的级别，并通过它屏蔽所有同级或更低级的中断请求，允许更高级的中断请求。

（2）执行完一条中断服务函数后，硬件将自动清除中断请求标志位（RI、TI和电平触发的外部中断除外）。

（3）保护断点。将被中断程序的断点位置，即当前程序计数器（PC）的值，压入堆栈保存起来。

（4）将被响应的中断源的中断服务程序入口地址传送给PC。

（5）执行相应的中断服务程序。当CPU执行完中断服务程序中的中断返回指令后，相应的优先级触发器清零，然后恢复断点，即将保存在堆栈中的PC值再返回PC，使CPU再继续执行原来被中断的程序。

3. 中断服务函数

格式如下：

void 函数名() interrupt 中断源编号 [using 工作组]
{
　　中断服务程序内容
}

中断函数是不带返回值的函数，因此，需在函数名前加 void。中断函数的名字可以按照 C 语言的命名规则自定。中断函数不带任何参数。中断号为中断向量号，CPU 仅根据中断号来区分不同的中断服务函数。using 工作组是指该中断使用单片机内存中 4 个工作寄存器的某一组，C51 编译后会自动分配工作组，因此，通常省略不写。

另外，在书写中断服务函数内容时需注意：

(1) CPU 响应中断后，会通过硬件自动对中断标志进行清零的情况包括：定时器溢出标志 TF0 和 TF1；外中断 0 和 1 在边沿触发模式下时的 IE0 和 IE1。

```
1   #include "reg51.h"
2
3   sbit wave=P1^0;
4
5   unsigned int n=1000;
6
7   void InitT0()
8   {
9       IE=0X82;
10      TR0=1;
11      TH0=-1000>>8;
12      TL0=-1000;
13      TMOD=0X01;
14  }
15
16  void T0Set() interrupt 1
17  {
18      TH0=-1000>>8;
19      TL0=-1000;
20      wave=!wave;
21  }
22
23  void main()
24  {
25
26      InitT0();
27
28      while(1)
29      {
30
31      }
32  }
```

图 3.9 中断方式的代码实现

(2) CUP 响应中断后，需手动清零的中断标志的情况包括：电平触发方式下的 IE0 和 IE1；串行通信中的中断标志 TI 和 RI。

4. 定时器中断初始化

编写主函数和中断服务函数。先声明 AT89C51 单片机的寄存器头文件和定义方波输出的端口引脚，在主函数中，对定时器中断初始化步骤如下。

(1) 设置 IE 使能总中断和 T0 中断，控制字为 0x82。

(2) 启动 T0，即 TR0=1。

(3) 设置工作在方式 1，则 TMOD 的控制字为 1。

(4) 设置计数初值，定时 1ms，计数值为 1000，因此，将 −1000 右移 8 位得到高 8 位计数值存放在 TH0，将 −1000 的低 8 位计数值存放在 TL0。

定时器中断初始化完成后，主函数进入循环等待模式。在 T0 中断服务函数中，先重新设置计数初值，再使 wave 引脚的输出反相。周期为 500Hz 方波的代码如图 3.9 所示，仿真效果如图 3.10 所示。

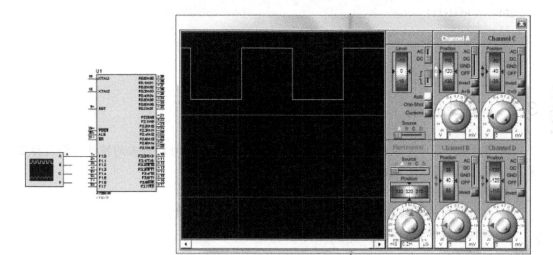

图 3.10 Proteus 仿真效果图

3.4 项目代码

参考代码如下：

```
1    # include "reg51.h"
2    sbit wave = P1^0;
3    unsigned int n = 1000;
4
5    void InitT0()
6    {
7        IE = 0x82;
8        TR0 = 1;
9        TH0 = - 1000 >> 8;
10       TL0 = - 1000;
11       TMOD = 0x01;
12   }
13
14   void T0Set() interrupt 1
15   {
16       TH0 = - 1000 >> 8;
17       TL0 = - 1000;
18       wave = ! wave;
19   }
20
21   void main()
22   {
23       InitT0() ;
```

```
24    while(1)
25    {
26    }
27    }
```

3.5 项目总结

本项目学习了单片机定时器的基本原理、工作方式、与定时器有关的特殊功能寄存器，采用中断方式实现了方波信号的输出。

思考问题：

1. 在此项目的基础上，如何实现不同频率的方波信号输出？
2. 如何实现秒表的设计？

3.6 习题

1. AT89C51 可以对外部脉冲进行计数的是（　　）。

    A. 计数器   B. 定时器   C. ADC 模块   D. 看门狗模块

2. 定时器 1 工作在计数方式时，其外加的计数脉冲信号应连接到（　　）引脚。

    A. P3.2   B. P3.3   C. P3.4   D. P3.5

3. 使用定时器 T1 时，有（　　）种工作模式。

    A. 1   B. 2   C. 3   D. 4

4. 作为串行口波特率发生时，应该选择定时器的方式 2。（　　）

    A. 对   B. 错

5. AT89C51 的中断源全部编程为同级时，优先级最高的是（　　）。

    A. INT1   B. TI   C. 串行口   D. INT0

6. 定时器 T0 的初值寄存器包括（　　）。

    A. TH0   B. TL0   C. TH1   D. TL1

7. 与定时器 T0 相关的寄存器包括（　　）。

    A. TH0   B. TL0   C. TMOD   D. TCON

8. AT89C51 内部集成了 2 路定时器。（　　）

    A. 对   B. 错

9. 每个定时器均既可以工作在定时模式下，又可以工作在计数模式下。（　　）

    A. 对   B. 错

10. （　　）用于设定定时器的工作方式。

    A. TCON   B. INT1   C. INT0   D. TMOD

项目四

电子琴的设计

该项目讨论利用单片机实现电子琴的设计的基本原理,学习蜂鸣器和扬声器的驱动方法,并利用单片机定时器产生不同音频信号的基本方法、矩阵式按键的组成原理以及识别方法等。在强化定时中断和单片机 I/O 端口的正确使用的同时,也将采用积木式方式完成程序的搭建和调试。

4.1　项目目标

学习目标:学习利用定时器产生特定频率音频信号的方法,以及学习矩阵式按键原理和识别方法。

学习任务:利用矩阵式按键实现电子琴功能。

实施条件:单片机最小系统、扬声器、矩阵式按键等。

4.2　准备工作

4.2.1　声音的产生

对扬声器通以特定频率的交流信号,例如正弦波、方波或三角波等,扬声器就会发出特定频率的音频,如图 4.1 所示。发出信号的频率大小将决定音调的高低,信号的幅度决定声音的响度。因此,只要利用单片机产生周期性变化的方波信号,就能够解决基于单片机的发声问题。

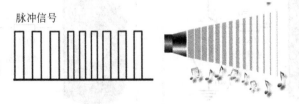

图 4.1　声音的产生原理

4.2.2　蜂鸣器/扬声器驱动

目前,在单片机外围模块中,蜂鸣器和扬声器是最常见的发声设备。其中,蜂鸣器分为有源蜂鸣器和无源蜂鸣器两类。有源蜂鸣器内部集成了信号发生模块,只要外加电源就能发出特定频率的声音。此外,有源蜂鸣器两个引脚的长度不同,定义为:长正短地,即长引脚连接电源正极,短引脚连接地。如某有源蜂鸣器型号为5V800Hz,即长引脚连接+5V,短引脚接地,它会发出800Hz的音频信号。

而对于无源蜂鸣器,其工作原理与扬声器类似,典型的特征是两个引脚的长度相同,采用交流驱动,发声的频率由驱动信号的频率决定。由于本项目预实现电子琴的设计,产生不同频率的声音,因此,无源蜂鸣器和扬声器均适合本项目。由于无源蜂鸣器的频带和输出功率有限,音色较差,因此,扬声器为最佳选择。

单片机无法直接驱动扬声器,因此,需外加驱动模块。常用的驱动模块有三极管、LM386等。其中,采用三极管驱动是最简单的方案,如图4.2所示,可以任意选择一个单片机的引脚,通过外接电阻和三极管完成对蜂鸣器/扬声器的驱动。

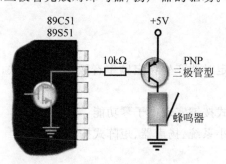

图 4.2　蜂鸣器/扬声器驱动电路

图4.3展示了蜂鸣器/扬声器的驱动过程。当单片机的驱动引脚输出高电平时,PNP型三极管截止,蜂鸣器无电流通过,蜂鸣器不激磁;而当单片机的驱动引脚输出低电平时,则电流从三极管的发射结流出,饱和电流I_c经过蜂鸣器流出,此时蜂鸣器激磁。当以特定的频率驱动该引脚,则蜂鸣器上有特定的频率信号通过,从而发出不同频率的声音。

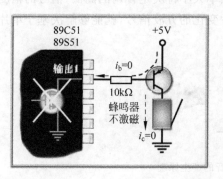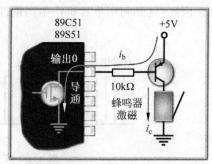

图 4.3　蜂鸣器/扬声器驱动演示

4.2.3　乐理知识

音符与频率有特定的对应关系。部分钢琴按键与音节关系如图 4.4 所示，按下不同的按键，发出不同频率的声音。

图 4.4　音频与电子琴按键之间的关系

C 调的音阶-频率对照如表 4.1 所示，每个音阶都有特定的频率值与其对应。如低音 Do 的频率为 262Hz，Re 的频率为 294Hz。要发出某个音阶对应的声音，只要采用特定的频率去激励扬声器即可。现在以高音 Si 为例，分析利用单片机发出不同音符的原理。

表 4.1　C 调的音阶-频率对照表

音区	音符	Do	Re	Mi	Fa	So	La	Si
低音	频率/Hz	262	294	330	349	392	440	494
中音	频率/Hz	523	587	659	698	784	880	988
高音	频率/Hz	1046	1175	1318	1397	1568	1760	1976

由表 4.1 可知，高音 Si 的频率为 1976Hz，其周期为 506μs，半周期为 253μs，如图 4.5 所示。要发出该音频，只需每隔 253μs 令驱动蜂鸣器/扬声器的引脚状态取反即可。

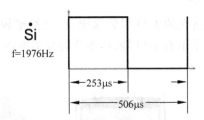

图 4.5　高音 Si 的半周期

频率-半周期对照如表 4.2 所示。基于该表，可以利用定时中断实现不同频率的音频。

表 4.2　C 调的音阶-半周期对照表

低音	频率/Hz	半周期/μs	中音	频率/Hz	半周期/μs	高音	频率/Hz	半周期/μs
Do	262	1908	Do	523	956	Do	1046	478
Re	294	1701	Re	587	852	Re	1175	426
Mi	330	1515	Mi	659	759	Mi	1318	379
Fa	349	1433	Fa	698	716	Fa	1397	358
So	392	1276	So	784	638	So	1568	319
La	440	1136	La	880	568	La	1760	284
Si	494	1012	Si	988	506	Si	1976	253

高音 Si 发声代码如图 4.6 所示。第 34 行代码用于声明 P3.7 作为发声驱动引脚。第 36 行代码用于定义中断定时周期为 253μs。第 38～45 行代码用于初始化定时器的工作方式 1,开启定时器 T0 中断、设置定时器的初值以及启动定时器 T0。第 47～52 行代码用于完成中断服务函数。当定时中断发生时,重新对定时器赋初值,然后将驱动扬声器/蜂鸣器引脚的状态取反。

```
034  sbit beep=P3^7;
035
036  int  m=65536-253;
037
038  void init_t0()
039  {
040      TMOD=0X01;
041      IE=0X82;
042      TH0=-m>>8;
043      TL0=-m;
044      TR0=1;
045  }
046
047  void t0()  interrupt  1
048  {
049      TH0=-m>>8;
050      TL0=-m;
051      beep=!beep;
052  }
```

图 4.6　高音 Si 发声代码

4.2.4　矩阵式按键

每个独立按键需要一个独立的 I/O 引脚来驱动,在按键较多的情况下,就会占用较多的单片机 I/O 端口资源。为了节省 I/O 端口,本节将介绍矩阵式按键。图 4.7 列出了矩阵式按键的 3 种典型应用。

图 4.7　定时器 T0 方式 2 的工作原理

4×4 矩阵按键的结构如图 4.8 所示。将独立按键按照 4 行 4 列排布,在行列相交的位置连接按键,就构成了 4×4 矩阵式按键。如果采用独立按键,则需 16 个引脚,然而采用这种排列方式只需 8 个引脚。随着按键个数的增多,这种方式节省 I/O 端口的优势会更加突出。

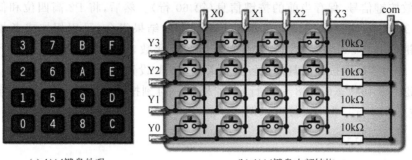

(a) 4×4键盘外观　　　　　　　　(b) 4×4键盘内部结构

图4.8　4×4矩阵式按键的基本结构

4.2.5　矩阵式按键扫描方法

常用的矩阵式按键识别方法有两种：一种是反转法；另一种是扫描法。反转法的思路：假设4列为扫描信号输入端，4行为读取按键状态端。首先，将4列（扫描信号输入端）全清零，4行（读取行按键状态端）全置1。此时，若某行中有键按下，则必然导致某一行线变为0态，从而定位了按键对应的行号。为了定位按键对应的列号，再将列（扫描信号输入端）全置1，而将4行（读取行按键状态端）全清零，此时按键所在的列将变为0态。将两次结果组合，必然会得到被按下的按键的行号和列号。由于行列对称，两次赋值正好相反，因此，该方法被称为反转法。反转法矩阵式按键的原理如图4.9所示，参考代码如图4.10所示。

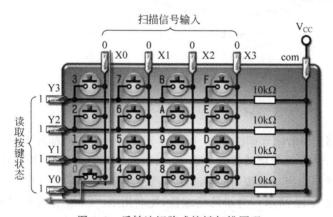

图4.9　反转法矩阵式按键扫描原理

利用P2口驱动矩阵式按键，分别将其高四位和低四位与矩阵式按键的4行（读取按键状态端）和4列（扫描信号输入端）相连。在图4.10中，第52行代码先将P2口的高四位置1，低四位清零。然后在循环中反复读取该端口的状态（第55行），若P2！=0XF0，则说明有键按下，key_mark在此处的作用是判断是否第一次按键，以实现按键的一次响应，初值为0。经过延时去抖动后（第57行），再次判断该端口的状态（第58行），若依然不等于初值，则确定是有效按键信号,保存当前的按键信息(第60行)。然后,将P2高四位和低四位对调(第61~62行),再次读取端口状态并与上次保存的结果组合(采用相加或者相或运算即可),得到键值KeyValue(第63行)。接着调用Key函数,进行按键定位(第65行),即根据KeyValue的内容确定按键的具体位置。将key_mark设置为1,以封锁该按键(第67行),再恢复按键到最初状态(第68~69行)。如果某一时刻按键抬起(第72行),则时将key_mark复位(第74行),为下次按键识别做准备。

```
50  void main()
51  {
52      P2=0XF0;
53      while(1)
54      {
55          if((P2!=0XF0) && !key_mark)
56          {
57              delay(10);
58              if(P2!=0XF0)
59              {
60                  KeyValue=P2;
61                  P2=0XFF;      // 只有在Proteus下才会用到该语句
62                  P2=0X0F;
63                  KeyValue+=P2;
64                  P1=KeyValue;//通过P1口观察键值
65                  key();
66                  TR0=1;
67                  key_mark=1;
68                  P2=0XFF;
69                  P2=0XF0;
70              }
71          }
72          else if(P2==0XF0)
73          {
74              key_mark=0;
75              TR0=0;
76              P1=0;
77          }
78      }
```

图 4.10 反转法矩阵式按键扫描参考代码

扫描法的思路:扫描原理如图4.11所示。先将所有行和列都置1,接着顺次将列(扫描信号输入端)清零,然后再分别读按键状态,如果出现状态为0的行,则可由被清零的列和当前行定位按键位置。如当0键按下时,X0为0,Y0也为0,则可唯一地确定0键被按下。

参考代码如图4.12所示。为了简化编程,先利用KeyCode保存扫描码(第54行)。设扫描信号连接到P2对应的某个端口的低4位,则4个扫描分别为0XFE、0XFD、0XFB、0XF7。因为共有4列,因此,分4次对端口赋值(第58行,循环4次),然后判断是否端口有变化(第61行),经延时去抖动后(第63行),若端口状态有改变(第65行),则确定有键按下,如果这是第一次按键,则保存当前键值(第69行),调用Key函数识别按键(第71行),key_mark设置为1(第72行),防止一次按键多次响应。然后,利用beak语句强行退出循环。如果对所有列判断均无按键按下,则退出循环后i的值一定为4(第79行),此时需将key_mark复位(第80行),为下次按键识别做准备。

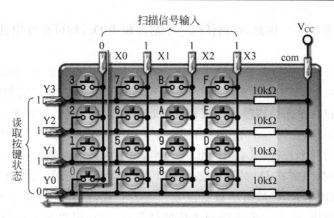

图 4.11　扫描法矩阵式按键扫描原理

```
51  void main()
52  {
53
54      unsigned char i,KeyCode[]={0xfe,0xfd,0xfb,0xf7};
55
56      while(1)
57      {
58        for(i=0;i<4;i++)
59        {
60            P2=KeyCode[i];
61            if(P2!=KeyCode[i])
62            {
63                delay(10);
64
65              if(P2!=KeyCode[i])
66                {
67                if(!key_mark)
68                {
69                    KeyValue=P2;
70                  P1=KeyValue;
71                  key();
72                key_mark=1;
73                break;
74                }
75                }
76            }
77        }
78
79        if(i==4)
80            key_mark=0;
81      }
82  }
```

图 4.12　反转法矩阵式按键扫描参考代码

4.3　项目实现

4.3.1　音符频率的计算

音符与对应的频率具有相关性,相邻两个全音音符之间的频率相差 $2^{1/6}$,半音与相邻音

符之间的频率相差 $2^{1/12}$。因此,给出任何一个基准频率 Do,均可推导出其他音符所对应的频率值。

利用 Excel 软件完成所有音符频率计算。首先,打开 Excel 软件,假设基准音 Do 的频率是 220Hz,在 A1 单元格输入 220。预计算音符对应的频率值,则还需知道 $2^{1/6}$ 和 $2^{1/12}$ 所对应的数值。通过在单元格内输入公式来计算,即输入 2^(1/6),按回车键就可以得到 $2^{1/6}$ 所对应的数值。同理,在另一个单元格内输入 2^(1/12),可以得到 $2^{1/12}$ 所对应的数值。因为对于所有相邻的两个音符,只有 Mi 和 Fa 是半音关系,其他相邻音符之间都是全音关系。因此,在计算 Re 时,只需在 Do 的基础之上乘以 $2^{1/6}$ 即可。由于只需得到频率的整数值,因此,需设置单元格的格式,将数值小数点位数修改为 0 位,这样就得到了 Re 所对应的整数频率值。按照此规律,依次完成音符频率值的计算。注意,可以采用快捷方式完成数值计算,即在单击 A2 单元格时,右下角出现一个小点,此时向下拖动滑块即可自动完成公式替代。然后,双击 Fa 音符的频率对应的单元格,将计算公式修改为 Mi 当前的数值与 $2^{1/12}$ 相乘,这样就得到了 Do 到 Si 所对应的频率值,结果如图 4.13 所示。

	A	B	C	D	E	F
		B8		f_x	=B1*2	
1	Do	220	2273		2^(1/6)	1.122462048
2	Re	247	2025		2^(1/12)	1.059463094
3	Mi	277	1804			
4	Fa	294	1703			
5	So	330	1517			
6	La	370	1351			
7	Si	415	1204			
8		440	1136			
9		494	1012			
10		554	902			
11		587	851			
12		659	758			
13		740	676			
14		831	602			

图 4.13　利用 Excel 计算音符对应的频率表

因不同音区之间的频率是 2 倍关系,因此,计算高音音符对应的频率时,只需在对应低音的音符频率的基础之上扩大 2 倍即可。因此,选中高音 Do 的频率对应的单元格 B8,输入公式"=B1*2"并按回车键,得到音节 Do 的频率值为 440Hz,然后拖动 B8 单元格右下角的控制块,完成其他音节频率的计算。

利用单片机编程进行发声设计时要计算信号的半周期值。对于 B1 单元格的数值 220Hz,它的半周期该如何计算呢?选中 C1 单元格,输入公式"=(10^6/B1/2)",即可得到 220Hz 对应的半周期,单位为 μs。同理,拖动 C1 单元格右下角的滑块到 C14,即可完成所有半周期的计算,同时设置单元格的格式,将所有的数值均以整数形式显示。

4.3.2 扬声器/蜂鸣器测试

打开 Proteus,添加元件模式,单击选择元件,在关键字中输入 Speaker,把 Speaker 放置到工作区。为了测试扬声器,需输入一个频率信号,即选择信号源,如图 4.14 所示。双击信号源弹出数字时钟发生器对话框,如图 4.15 所示。将信号的频率设置为 220Hz,单击 OK 按钮,在弹出的对话框中单击"运行"按钮。听一下 220Hz 的音效,再测试 Re,即 247Hz。可以依次测试每个音符的效果。

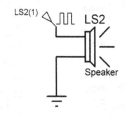

图 4.14 扬声器/蜂鸣器测试

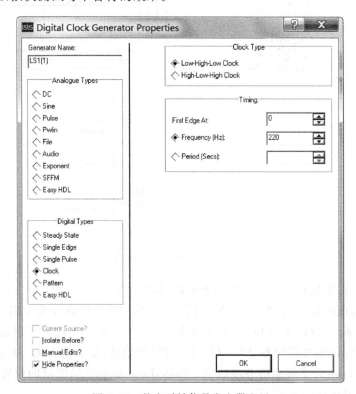

图 4.15 数字时钟信号发生器配置

系统仿真电路图如图 4.16 所示。其中矩阵式按键连接到 P2 口,P3.7 经 1kΩ 电阻与 PNP 三极管的基极相连。三极管的发射极连接 V_{CC},集电极连接扬声器的正极,扬声器的负极接地,同时在扬声器两端并联续流二极管(1N4007)。续流二极管一般由快速恢复或者肖特基二极管实现,它在电路中用来防止感应电压击穿或者烧坏元件。续流二极管以并联方式与能产生感应电动势的元件相连,能够在感应电动势产生时形成回路,将感应电动势在该回路内以续电流方式消耗,进而起到保护其他元件的作用。一般在蜂鸣器、继电器电路中采用续流二极管。

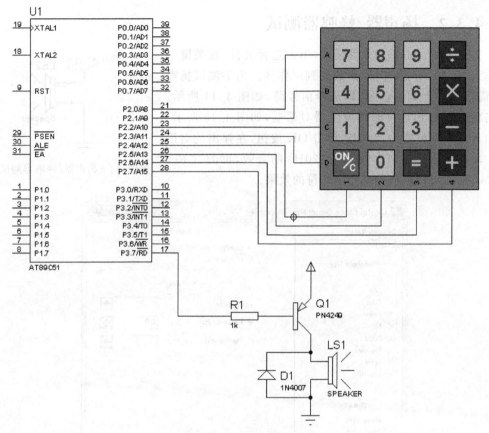

图 4.16 系统仿真电路图

编写定时器初始化和定时器中断服务函数,如图 4.17 所示。

在定时初始化函数中,TMOD=0X01 代表定时器 T0 工作在方式 1,IE=0X82 代表允许定时器 T0 中断。TH0 和 TL0 用于实现定时 mμs。TR0=1 代表开启定时器。在定时中断服务函数中,首先对定时器 TH0 和 TL0 进行初始化,然后将 beep 对应引脚的信号取反,用于产生以 mμs 为半周期的方波信号。当然,beep 要在全局变量的位置用 sbit 关键字来进行定义,即 sbit beep=P3^7。

在图 4.18 中对全局变量进行初始化。该例程中采用 A 调实现。首先,将 A 调中的低音 Fa 至高音 So 对应的半周期值保存到数组 YinJie 中。由于最大的数值 1703 超出了 8 位二进制数的表达范围,且所有数值均为正数,所以需使用无符号整形变量保存半周期数值。此外,由于单片机的 RAM 容量有限,又因这些数值仅用作常数,因此,通过关键字 code 将数值保存到代码段,以节省内存。

在图 4.19 中,delay 函数产生 20ms 左右的延时,用于按键去抖。

图 4.20 为按键处理函数。根据 KeyValue 的值来确定具体的按键,并给 m 赋值,以产生不同音符的频率信号。此处可以采用 if-else if 结构,也可以采用 select-case 结构。

```
001 #include <reg51.h>
002
003 sbit beep=P3^7;
004 unsigned char KeyValue;
005 unsigned int  m;
006 unsigned int code  YinJie[]={
007 1703,
008 1517,
009 1351,
010 1204,
011 1136,
012 1012,
013 902,
014 851,
015 758,
016 676,
017 602,
018 568,
019 506,
020 451,
021 426,
022 379
023 };
024
025 bit  key_mark;
026
```

图 4.18　全局变量初始化

```
040 void init_t0()
041 {
042     TMOD=0x01;
043     IE=0x82;
044     TH0=-m>>8;
045     TL0=-m;
046     TR0=1;
047 }
048
049 void t0()  interrupt  1
050 {
051     TH0=-m>>8;
052     TL0=-m;
053     beep=!beep;
054 }
055
```

图 4.17　定时器初始化和定时中断服务函数

```
051 void key()
052 {
053     if(KeyValue==0xee)
054     m=YinJie[0];
055     else if(KeyValue==0xde)
056     m=YinJie[1];
057     else if(KeyValue==0xbe)
058     m=YinJie[2];
059     else if(KeyValue==0x7e)
060     m=YinJie[3];
061     else if(KeyValue==0xed)
062     m=YinJie[4];
063     else if(KeyValue==0xdd)
064     m=YinJie[5];
065     else if(KeyValue==0xbd)
066     m=YinJie[6];
067     else if(KeyValue==0x7d)
068     m=YinJie[7];
069     else if(KeyValue==0xeb)
070     m=YinJie[8];
071     else if(KeyValue==0xdb)
072     m=YinJie[9];
073     else if(KeyValue==0xbb)
074     m=YinJie[10];
075     else if(KeyValue==0x7b)
076     m=YinJie[11];
077     else if(KeyValue==0xe7)
078     m=YinJie[12];
079     else if(KeyValue==0xd7)
080     m=YinJie[13];
081     else if(KeyValue==0xb7)
082     m=YinJie[14];
083     else if(KeyValue==0x77)
084     m=YinJie[15];
085 }
086
```

图 4.20　按键处理函数

```
027 void delay()
028 {
029     unsigned char i,j;
030     for(i=0;i<4;i++)
031         for(j=0;j<110;j++);
032 }
033
```

图 4.19　delay 延时函数

主函数主要用于扫描按键,如图 4.21 所示。当有按键按下时,调用 key 函数,并根据键值确定待发声信号的半周期,再通过 TR0＝1 来开启定时器 T0,从而开启发声。而当按键抬起后,利用 TR0＝0 来关闭定时中断,进而声音停止。key 函数的作用是根据具体的按键确定待产生信号的半周期,并将该值赋给 m。由于定时 T0 的中断已被开启,所以当 m 的数值发生变化后,beep 引脚输出的频率也随之改变,从而发出按键所对应的音频。

```c
087  void main()
088  {
089      init_t0();
090      P2=0xF0;
091      while(1)
092      {
093          if((P2!=0xF0) && !key_mark)
094          {
095              delay();
096              if(P2!=0xF0)
097              {
098                  KeyValue=P2;
099                  P2=0xFF;     // 只有在Proteus下才会用到该语句
100                  P2=0x0F;
101                  KeyValue+=P2;
102                  P1=KeyValue;//通过P1口观察键值
103                  key();
104                  TR0=1;
105                  key_mark=1;
106                  P2=0xFF;
107                  P2=0xF0;
108              }
109          }
110          else if(P2==0xF0)
111          {
112              key_mark=0;
113              TR0=0;
114              P1=0;
115          }
116      }
117  }
```

图 4.21　主函数

4.4　项目代码

参考代码如下:

```c
1    #include <reg51.h>
2
3    sbit beep = P3^7;
4    unsigned char KeyValue;
5    unsigned int m;
6    unsigned int code YinJie[] = {1703, 1517, 1351, 1204, 1136, 1012, 902, 851, 758, 676, 602, 568, 506, 451, 426, 379 };
7
```

```
8
9     bit key_mark;
10
11    void delay()
12    {
13        unsigned char i,j;
14        for(i = 0;i < 4;i++)
15            for(j = 0;j < 110;j++);
16    }
17
18    void t0() interrupt 1
19    {
20        TH0 = - m >> 8;
21        TL0 = - m;
22        beep = ! beep;
23    }
24
25    void key()
26    {
27        if(KeyValue == 0xee)
28          m = YinJie[0];
29        else if(KeyValue == 0xde)
30          m = YinJie[1];
31        else if(KeyValue == 0xbe)
32          m = YinJie[2];
33        else if(KeyValue == 0x7e)
34          m = YinJie[3];
35        else if(KeyValue == 0xed)
36          m = YinJie[4];
37        else if(KeyValue == 0xdd)
38          m = YinJie[5];
39        else if(KeyValue == 0xbd)
40          m = YinJie[6];
41        else if(KeyValue == 0x7d)
42          m = YinJie[7];
43        else if(KeyValue == 0xeb)
44          m = YinJie[8];
45        else if(KeyValue == 0xdb)
46          m = YinJie[9];
47        else if(KeyValue == 0xbb)
48          m = YinJie[10];
49        else if(KeyValue == 0x7b)
50          m = YinJie[11];
51        else if(KeyValue == 0xe7)
52          m = YinJie[12];
53        else if(KeyValue == 0xd7)
54          m = YinJie[13];
55        else if(KeyValue == 0xb7)
```

```
56              m = YinJie[14];
57          else if(KeyValue == 0x77)
58              m = YinJie[15];
59      }
60
61  void init_t0()
62  {
63          TMOD = 0x01;
64          IE = 0x82;
65  }
66
67  void main()
68  {
69          init_t0();
70          P2 = 0xF0;
71          while(1)
72          {
73              if((P2!= 0xF0) && !key_mark)
74              {
75                delay();
76                if(P2!= 0xF0)
77                {
78                    KeyValue = P2;
79                    P2 = 0xFF;      //只有在 Proteus 下才会用到该语句
80                    P2 = 0x0F;
81                    KeyValue += P2;
82                    P1 = KeyValue; //通过 P1 口观察键值
83                    key();
84                    TR0 = 1;
85                    key_mark = 1;
86                    P2 = 0xFF;
87                    P2 = 0xF0;
88                }
89            }
90          else if(P2 == 0xF0)
91          {
92            key_mark = 0;
93            TR0 = 0;
94          P1 = 0;
95          }
96      }
97  }
```

4.5　项目总结

　　本项目讨论了利用单片机实现电子琴的设计的基本方法,学习了矩阵式按键的基本原理和两种常见的驱动方法,介绍了利用 Excel 实现音符与对应频率的计算方法。

思考问题：在此项目的基础上，如何实现自动演奏电子琴的设计？

4.6　习题

1. 电子琴的设计中采用的蜂鸣器的类型为（　　）。
   A. 无源　　　　　　　B. 有源　　　　　　　C. 以上都不对　　　D. 以上都对

2. 单片机驱动扬声器发声，采用的（　　）。
   A. 正弦波　　　　　　B. 三角波　　　　　　C. 方波　　　　　　D. 矩形波

3. 与独立按键相比，矩阵式按键具有（　　）优势。
   A. 按键多　　　　　　B. 省 I/O 端口　　　C. 易操作　　　　　D. 美观

4. 通常情况下，延时去抖动的时间范围为（　　）量级。
   A. 纳秒　　　　　　　B. 微妙　　　　　　　C. ms　　　　　　　D. 秒

5. 循环中，break 的作用是（　　）。
   A. 提前结束本次循环　　　　　　　　B. 退出当前循环
   C. 暂停循环　　　　　　　　　　　　D. 停止程序执行

6. 声音和频率具有特定的对应关系。（　　）
   A. 对　　　　　　　　B. 错

7. 声音的频率越高，听起来越尖锐；频率越低，听起来越低沉。（　　）
   A. 对　　　　　　　　B. 错

8. 利用单片机产生方波信号，再外接驱动器可以实现扬声器发声。（　　）
   A. 对　　　　　　　　B. 错

9. 矩阵式按键的常用识别方法为（　　）。
   A. 反转发　　　　　　B. 扫描法　　　　　　C. 键标志法

10. 键标志变量 key_mark 的作用是（　　）。
    A. 判断是否为第一次按键　　　　　　B. 实现按键的一次响应
    C. 保存按键的键值

项目五

声控灯系统设计

为了利用单片机驱动大功率的外围设备,本项目重点介绍继电器模块的工作原理和使用方法,同时结合声音检测模块的学习,以及秒定时的实现技巧,完成声控灯系统的设计。

5.1 项目目标

学习目标:学习声音采集模块、亮度检测模块、继电器模块的原理和用法,以及延时的具体实现方法。

学习任务:实现基于单片机的声控灯系统的设计。通过对声音的判断,完成照明灯开关的控制,通过光电传感器实现对环境亮度的检测,从而实现在亮度不足并有声音出现时才点亮照明灯的功能。

实施条件:单片机最小系统、声音检测模块、光强检测模块、继电器以及照明灯等。

5.2 准备工作

5.2.1 声音检测模块

声音传感器又称为声敏传感器,是一种将介质中传播的机械振动转换成电信号的装置。声敏传感器的种类很多,可分电阻变换式、压电式、电容式和音响式等。本项目主要讲解基于电容式驻极体话筒的声音检测模块的原理和使用方法。

声音检测模块的基本原理如图 5.1 所示。图中 M 为声音传感器-驻极体话筒。经过电阻 R_1 和话筒 M 分压后的信号,再经过 C_1 隔直,然后利用 Q_1 放大,将集电极接到电压比较器 U_1 的同相端,然后与 R_4 和 R_5 构成的阈值电压进行比较,当声音较小时,Q_1 截止,U_1 的同相端电压高于反相端,U_1 的 1 引脚输出高电平,LED 熄灭;反之,若声音足够大,则 Q_1 导通,Q_1 的集电极电压下降,U_1 的同相端电压低于反相端,U_1 的 1 引脚输出低电平,LED 点亮。因此,端子 J_1 的 2 引脚输出低电平代表有声音,否则代表无声音。其中可调电位器 R_p(100kΩ)用于调节电路的敏感度。

图 5.2 为声音检测模块的实物图。该模块主要由驻极体话筒、电压比较器、NPN 三极

管、精密电位器、若干阻容元件等组成。通过在一定范围内咳嗽或者拍手,可以观察板载指示灯的变化情况,通过调节电位器可以改变敏感度。

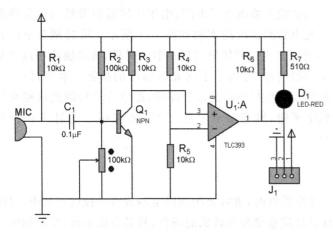

图 5.1　声音检测模块原理图　　　　　图 5.2　声音检测模块实物图

5.2.2　光强检测模块

光强传感器是一种用于检测光照强度的传感器,可以将光照强度值转为电压值,主要用于智能家居、洗手间灯控系统或者温室大棚等场合。一种典型的光电检测模块如图 5.3 所示。图中 D_2 为光电传感器,常采用光敏二极管,与 $10k\Omega$ 电阻串联后接入电压比较器的反相端,电压比较器的同相端连接电位器的触点,用于调节光照强度的阈值。注意光敏二极管只有在反向连接时,其阻值才会随着光照强度而改变。光敏电阻具有很多种分类,按照光谱特性分类有红外光型、可见光型和紫外光型;按照光照和阻值的对应关系分为正光照系数型和负光照系数型。

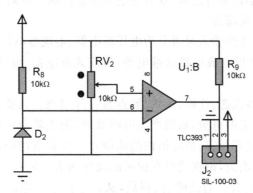

图 5.3　光强检测模块原理图

根据该项目的要求,选择可见光正光照系数型,即当无光照时为高阻态,电压比较器的同相端电压低于反相端,比较器输出低电平。随着光强增加,电阻值迅速减少,当同相端电压高于反相端电压后,比较器输出高电平。

图 5.4　光强检测模块实物图

该系统主要由光敏电阻、电压比较器以及精密电位器组成。光电检测模块的实物如图 5.4 所示。通过调节电位器 R_{V2},可以实现光照敏感度的调节。另外,该模块还可以直接输出模拟信号,可用于不同光照强度的检测。本项目中,只要能实现明亮与黑暗的区分即可,即单片机检测到该模块输出低电平时,则意味着光照不足,才有必要通过声音控制开灯。

5.2.3　继电器模块

在利用单片机驱动高压或较大功率器件时,常常会用到继电器或者可控硅。其中,继电器用于控制功率稍小的用电器并且对反应速度要求较低的场合,其具有成本低,控制简单等优点;缺点是反应迟钝、内部触点可能存在电火花、模块体积大、有接触噪声以及容易出现触点老化等问题。而可控硅一般应用到具有较大功率用电器的场合,响应速度快;缺点是电路成本较高。两种模块的控制方法类似,简单易用。本项目中,选用继电器完成设计。

继电器是具有隔离功能的自动开关元件,当输入回路中激励量的变化达到规定值时,能使输出回路中的被控电量发生预定阶跃变化的自动电路控制器件。它具有能反应外界某种激励量(电或非电)的感应机构、对被控电路实现通断控制的执行机构,以及能对激励量的大小完成比较、判断和转换功能的中间比较机构。继电器广泛应用于遥控、遥测、通信、自动控制、机电一体化及和航天技术等领域,起控制、保护、调节和传递信息的作用。

继电器一般都有能反映一定输入变量(如电流、电压、功率、阻抗、频率、温度、压力、速度、光等)的感应机构(输入部分);有能对被控电路实现通断控制的执行机构(输出部分);在继电器的输入部分和输出部分之间,还有对输入量进行耦合隔离、功能处理和对输出部分进行驱动的中间机构(驱动部分)。

继电器的种类很多,按照输入量可分为电压继电器、电流继电器、时间继电器、速度继电器等;按照工作原理还可以分成电磁式继电器、感应式继电器、电动式继电器等。其中,电磁式继电器较为常用。

电磁式继电器一般由铁芯、线圈、衔铁、触点簧片等组成。只要在线圈两端加上一定的电压,线圈中就会流过一定的电流,从而产生电磁效应,衔铁就会在电磁力吸引的作用下克服返回弹簧的拉力吸向铁芯,从而带动衔铁的动触点与静触点(常开触点)吸合。当线圈断电后,电磁的吸力也随之消失,衔铁就会在弹簧的反作用力返回原来的位置,使动触点与原来的静触点(常闭触点)吸合。通过吸合、释放,从而达到了在电路中的导通、切断的目的。本例中选用低电平触发的 5V 驱动光电隔离型电磁继电器。

图 5.5 为继电器的原理图。当线圈 L_1-L_2 无电流通过时,触点 c 与常闭触点 b 相连;而当通电时,c 触点与常开触点 a 相连。通过控制线圈的通断情况,实现对继电器开关的

控制。

　　继电器的驱动与驱动蜂鸣器的电路相似,分为高电平驱动和低电平驱动。以高电平驱动为例,如图 5.6(a)所示,当单片机控制脚输出高电平时,三极管导通,集电极电压下降,线圈得电,继电器动作。反之,当引脚输出低电平时,三极管截止,继电器不动作。此处,反向二极管 D 用作续流,即可将线圈产生的反向电动式直接回流到电源,从而防止击穿三极管或损坏单片机,对电路起到保护作用。图 5.6(b)为低电平触发模式,请读者自行分析。图 5.7 为继电器模块的实物图。

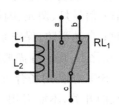

图 5.5　继电器的原理图

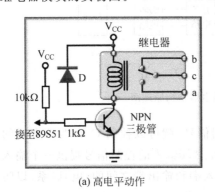

(a) 高电平动作

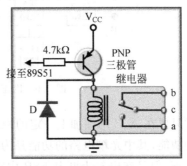

(b) 低电平动作

图 5.6　继电器的驱动

图 5.7　继电器模块实物图

　　固态继电器(Solid State Relay,SSR)是由微电子电路、分立电子器件、电力电子功率器件组成的无触点开关,用隔离器件实现了控制端与负载端的隔离。只要在固态继电器的输入端用微小的控制信号,就可以达到直接驱动大电流负载的目的。一种典型的固态继电器实物如图 5.8 所示。

　　专用的 SSR 具有短路保护、过载保护和过热保护功能,与组合逻辑固化封装就可以实现用户需要的智能模块,可直接用于控制系统中。SSR 已广泛应用于计算机

图 5.8　固体继电器实物图

外围接口设备、恒温系统、调温、电炉加温控制、电机控制、数控机械；遥控系统、工业自动化装置；信号灯、调光、闪烁器、照明舞台灯光控制系统；仪器仪表、医疗器械、复印机、自动洗衣机；自动消防、保安系统以及作为电网功率因素补偿的电力电容的切换开关；等等。另外，在化工、煤矿等需要防爆、防潮、防腐蚀场合中都有大量使用。

　　SSR 按使用场合可以分成交流型和直流型两大类。它们分别在交流或直流电源上做负载的开关，不能混用。图 5.9 为交流型的 SSR 的工作原理框图。从整体上看，SSR 只有两个输入端(A 和 B)及两个输出端(C 和 D)，是一种四端器件。

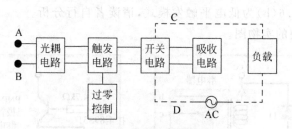

图 5.9　固态继电器结构原理图

　　工作时只要在 A、B 两端加上一定的控制信号，就可以控制 C、D 两端之间的通、断，实现"开关"的功能，其中光耦电路的功能是为 A、B 端输入的控制信号提供一个输入端和输出端之间的通道，但又在电气上断开 SSR 中输入端和输出端之间的(电)联系，以防止输出端对输入端的影响。

　　光耦电路采用的元件是光电耦合器。它动作灵敏，响应速度高，输入端和输出端之间的绝缘(耐压)等级高。由于输入端的负载是发光二极管，这使 SSR 的输入端很容易做到与输入信号电平相匹配。在使用时可直接与单片机的 I/O 端口相连，即受高逻辑电平控制。

　　触发电路的功能是产生符合要求的触发信号，驱动开关电路工作，但由于开关电路在不加特殊控制电路时，将产生射频干扰并以高次谐波或尖峰等污染电网，为此特设"过零控制电路"。所谓"过零"是指，当加入控制信号，交流电压过零时，SSR 即为通态；而当断开控制信号后，SSR 要等待交流电的正半周与负半周的交界点(零电位)时，SSR 才为断态。这种设计能防止高次谐波的干扰和对电网的污染。

　　吸收电路是为防止从电源中传来的尖峰、浪涌(电压)对开关器件双向可控硅管的冲击和干扰(甚至误动作)而设计的，一般用 R-C 串联吸收电路或非线性电阻(压敏电阻器)。

　　SSR 的优点如下所述。

　　(1) 高寿命，高可靠。固态继电器没有机械零部件，由固体器件完成触点功能，由于没有运动的零部件，因此，能在高冲击、振动的环境下工作，由于组成固态继电器的元器件的固有特性，决定了固态继电器的寿命长，可靠性高。

　　(2) 灵敏度高，控制功率小，电磁兼容性好。固态继电器的输入电压范围较宽，驱动功率低，可与大多数逻辑集成电路兼容，不需加缓冲器或驱动器。

　　(3) 快速转换。固态继电器因为采用固体器件，所以切换时间仅为几微秒至几毫秒。

　　（4）电磁干扰小。固态继电器没有输入"线圈"，没有触点燃弧和回跳，因而减少了电磁干扰。大多数交流输出固态继电器是一个零电压开关，在零电压处导通，零电流处关断，减少了电流波形突然中断的次数，从而减弱了开关瞬态效应。

　　固态继电器的缺点如下。

　　（1）导通后的管压降大，可控硅或双向控硅的正向降压可达 $1\sim2V$，大功率晶体管的饱和压降也为 $1\sim2V$，一般功率场效应管的导通电阻也较机械触点的接触电阻大。

　　（2）半导体器件关断后仍可有数微安至数毫安的漏电流，因此，不能实现理想的电隔离。

　　（3）由于管压降大，导通后的功耗和发热量也大，因此大功率固态继电器的体积远远大于同容量的电磁继电器，成本也较高。

　　（4）电子元器件的温度特性和电子线路的抗干扰能力较差，耐辐射能力也较差，如不采取有效措施，则工作可靠性低。

　　（5）固态继电器对过载有较大的敏感性，必须用快速熔断器或 RC 阻尼电路对其进行过载保护。固态继电器的负载与环境温度明显有关，温度升高，负载能力将迅速下降。

　　（6）存在通态压降（需要相应散热措施），有断态漏电流，交直流不能通用，触点组数少。另外，过电流、过电压及电压上升率、电流上升率等指标差。

5.2.4　节能灯的连接

　　在与节能灯相连时，要将市电的火线连接到公共触点，将节能灯的火线端连接到继电器的常开节点，节能灯的零线端子接到市电的零线。这样，继电器的控制端得到低电平，节能灯的常开节点与中间节点连接，市电的火线和零线分别作用到节能灯上，则灯亮，否则灯灭。连接实例如图 5.10 所示。

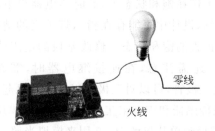

图 5.10　继电器和节能灯的连接

5.3　项目实现

5.3.1　硬件电路设计

　　绘制仿真电路如图 5.11 所示。具体过程：打开 Proteus，添加元件 AT89C51，然后添加电阻 RES、PNP 三极管 PN3638、继电器 SH-105D、灯泡 lamp、按键 button,再添入直流电源 V_{SORCE}。然后绘制电路,将单片机添加到 Proteus 的绘图区,同时添加电阻和三极管。三极管在连接时,将发射极连到电源正,即 V_{CC} 上。假设通过 P2.0 控制继电器,三极管的集电极连接继电器控制线圈的一端,线圈的另一端接地,然后在继电器的常开节点接入指示灯 lamp,再加入直流电源,将 lamp 接到常开接点。然后设置继电器的参数,注意本项目中使用的是 5V 的继电器,因此,将直流电压源修改为 5V,将 lamp 也修改为 5V 驱动。

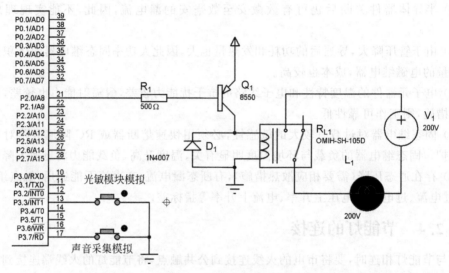

图 5.11　系统仿真电路图

电路的工作原理为:P2.0 经过三极管驱动继电器。当 P2.0 输出低电平时,三极管的发射结导通,此时三极管应工作在饱和状态下,此时继电器得电,继电器的公共端与常开节点吸合,此时灯泡点亮。当然,设计中可能存在指示灯不亮的情况。这主要是因为,基极流入的电流太小,无法开启三极管的饱和状态。修改基极的电阻值,如修改为 $1k\Omega$,重新运行程序,就可以点亮灯泡了。还需注意,在连接继电器时,需在线圈的两端并联二极管 1N4007,此二极管也称续流二极管,可以对三极管以及单片机起到保护作用。

由于在 Proteus 中光照传感器和声音采集模块没有仿真模块,因此,本项目通过两个按键进行模拟。假设一只按键接到单片机的 P3.0 用来模拟光照,另一只按键接到 P3.2 来模拟声音。对于光电检测模块,当检测到光线较弱时输出低电平,而对于声音检测模块,当检测到声音足够大时输出的也是低电平,因此,当两个按键都被按下时,相当于光线较弱并且有声音,此时控制继电器产生动作,进而点亮指示灯。

5.3.2　创建 Keil 项目

下面来完成程序设计。打开 Keil 软件,新建一个项目,将项目保存到新建的文件夹中,并设置项目名称为"继电器",选择 Atmel 公司的 89C51,单击"确定"按钮。新建文件并单击

"保存"按钮,将文件命名为"继电器.c"。右击 source group,添加 test.c 到项目中。

完成编程的准备工作后,录入程序的基本框架:输入包含语句 reg51.h,然后录入主函数 main,输入 while 循环。另外还需利用 sbit 定义端口,首先是控制继电器的端口 P2.0 命名为 relay,光照的传感器输出的该信号命名为 OPTO,连接到 P3.0,声音传感器传出来的信号命名为 sound,连接到 P3.2。定义完引脚以后,在 while 循环中,要判断光照传感器是否为低电平信号,即 OPTO 引脚检测到了低电平,同时 sound 引脚也检测到了低电平,这就代表当光线较弱,并且接收到声音,此时让 relay 引脚输出低电平,否则 relay 输出高电平,实现对继电器的控制。

程序编写完毕后下载到单片机中准备运行。为了模拟声音和光照模块的输出,可以单击其中一只按键右侧的控制端,使按键处于长按状态,此时再按一下另一个按键,观察指示灯状态的改变,从而完成程序的验证。

实际应用中,当检测到光线较弱,并且有声音存在时,指示灯应该持续一段时间,即当声音刺激结束以后,不应该把灯立即熄灭,而应该延时一段时间,然后再熄灭。那么应该如何实现延时呢?请读者自己思考。

5.3.3 延时方法

1.软件查询法延时

延时 n 秒的程序如图 5.12 所示。该函数通过参数 n 来决定延时的时长。在延时函数内部,通过多重循环来增加 CPU 的执行时间。在最内层的循环中,空语句(";")的作用是令 CPU 执行空操作,由于占用了 CPU 的执行时间,从而达到延时的目的。该方法的优点是编程简单,但缺点是占用了大量的 CPU 资源,导致 CPU 无法及时响应其他语句,并且延时时间不准确。

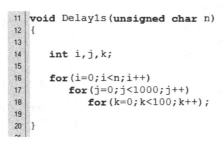

```c
void Delay1s(unsigned char n)
{

    int i,j,k;

    for(i=0;i<n;i++)
        for(j=0;j<1000;j++)
            for(k=0;k<100;k++);

}
```

图 5.12 软件延时代码

2.定时器查询法延时

代码如图 5.13 所示。本例中,采用定时器 T0 的方式 1,定时间隔取 50ms,当定时器的溢出次数达到 20 次时,即为 1s,数值 n 控制具体的秒数。其中,50ms 对应 $50000\mu s$,当采用 12MHz 晶振时,计数初值应为 $65536-50000=15536$,该结果与 -50000 的二进制编码相同,因此,可以直接利用 -50000 代替 15536。此外,还将 -50000 拆分为高 8 位和低 8 位。

其中，TH0＝－50000≫8 的作用即是将－50000 对应的二进制数的低 8 位移除，高 8 位移至低 8 位的位置，然后保存到 TH0 中。TL0＝－50000 的作用则是直接截取－50000 对应二进制数的低 8 位。当然，也可以通过科学计算器，将该数值转换为十六进制数后直接保存到 TH0 和 TL0 中。例如，15536 的十六进制数字为 0X3CB0，因此，可以直接将 TH0 赋值为 0X3C，TL0 赋值 0XB0，从而避免单片机在每次重新计算该数值时耗费时间。使延时更准确。

该函数中，利用 TR0＝1 打开定时器 T0 后，循环判断延时的秒数是否达到，如果未达到，则继续延时（第 33 行）。LED＝!LED 用于动态指示延时情况。等待定时器溢出标志TF0 为 1（第 36 行），表示定时时间到 50ms，则将 TF0 清零，同时对定时器的 TH0 和 TL0重新初始化。然后，累计定时器溢出的次数（第 40 行）。由于每 50ms 定时器溢出 1 次，所以完成 20 次计数则为 1s。当延时时间到达时，置 TR0＝0，关闭定时器。

3. 定时器中断法延时

采用软件查询方式，仍然无法解决大量占用 CPU 资源的情况。因此，建议采用定时中断方式实现延时。利用定时中断实现延时，代码如图 5.14 所示。

```
23  void Delay1s(unsigned char n)
24  {
25      char i;
26
27      TMOD=0x01;
28      TH0=-50000>>8;
29      TL0=-50000;
30      TR0=1;
31      i=0;
32
33      while(i<n)
34      {
35          LED=!LED;
36          while(!TF0);
37          TF0=0;
38          TH0=-50000>>8;
39          TL0=-50000;
40          if(++cnt==20)
41          {
42              i++;
43              cnt=0;
44          }
45      }
46      TR0=0;
47  }
```

图 5.13　定时器演示代码

```
12  void T0Ser() interrupt 1
13  {
14      TH0=-50000>>8;
15      TL0=-50000;
16
17      if(++cnt==20)
18      {
19          cnt=0;
20          sec=1;
21      }
22  }

24  void InitT0()
25  {
26      TMOD=0x01;
27      IE=0x82;
28  }
```

图 5.14　定时器初始化和定时中断函数

5.3.4　主函数的编写

在采用软件查询法或者定时器查询法延时时，可采用如图 5.15 所示的 main 函数。main 函数的主要任务就是循环判断是否接收到声音和环境光照信息。如果光线昏暗（即Opto 引脚检测到低电平时）并且有足够大的声响（即 Sound 引脚检测到低电平时），则开启继电器,点亮节能灯,并通过调用 Delay1s(3)延时 3s 后,通过继电器关闭节能灯,此时 Delay1s 函数可以是软件延时或者是定时器延时。当然,读者可在此基础上加入延时时间调节或者红外检测等功能。例如通过两个按钮来手动调节延时时长;引入人体红外检测模块,当传感器检测到人走动时,自动打开节能灯;等等。

当采用定时器中断法延时,需采用如图 5.16 所示的 main 函数。

```
30  void main()
31  {
32      char n;
33
34      InitT0();
35
36      while(1)
37      {
38          if(!Sound && !Opto)
39          {
40              flag=1;
41              Relay=0;
42              n=3;
43              TR0=1;
44          }
45
46          if(flag && sec)
47          {
48              sec=0;
49              if(--n<0)
50              {
51                  Relay=1;
52                  TR0=0;
53              }
54          }
55      }
56  }
```

```
49  void main()
50  {
51      while(1)
52      {
53          if(!Sound && !Opto)
54          {
55              Relay=0;
56              Delay1s(3);
57              Relay=1;
58          }
59      }
60  }
```

图 5.15　main 函数代码　　　　图 5.16　中断方式实现声控灯的设计的 main 函数代码

5.4　项目总结

本项目详细介绍了声音采集模块、光电检测模块、继电器模块以及延时方法等。

思考问题:如何对系统进行改进,增加人体红外识别或语音识别功能?

5.5　习题

1. T0 中断服务函数的编号为(　　)。

　　A. 1　　　　　　　　B. 2　　　　　　　　C. 3　　　　　　　　D. 4

2. 与可控硅相比,继电器的缺点是(　　)。

　　A. 反应迟钝　　　　B. 体积大　　　　C. 有接触噪声　　　　D. 触电易老化

3. unsigned char 用于声明(　　　)类型的变量。

    A. 无符号字符型　　　　　　　　　　B. 有符号字符型

    C. 字符型　　　　　　　　　　　　　　D. 整形

4. 定时器 T1 发生溢出时,TF0 的值为(　　　)。

    A. 0　　　　　　　B. 1　　　　　　C. −1　　　　　D. 255

5. LED＝!LED 的含义是(　　　)。

    A. LED 的状态取反　　　　　　　　　B. 点亮 LED

    C. 熄灭 LED　　　　　　　　　　　　D. 0

6. 继电器主要用在控制大功率设备的场合。(　　　)

    A. 对　　　　　　　　B. 错

7. 可控硅的优点是(　　　),缺点是(　　　)。

    A. 响应速度快　　　　　　　　　　　B. 触点容易老化

    C. 体积大　　　　　　　　　　　　　D. 成本高

8. (　　　)可应用到控制大功率设备的场合。

    A. 可控硅　　　　　　B. 继电器

9. 按照输入量的不同,继电器可以分为(　　　)。

    A. 电磁式继电器　　　　　　　　　　B. 响应式继电器

    C. 电压式继电器　　　　　　　　　　D. 电流式继电器

10. 继电器可以按照(　　　)进行分类。

    A. 输入量　　　　　B. 工作原理　　　　C. 电压　　　　　D. 电流

项目六

电子时钟的设计

在基于单片机的智能系统中,显示模块是必不可少的部分。从本项目开始,将重点学习数码管显示的基本原理和驱动方法;在了解静态显示原理的同时,重点掌握数码管动态显示原理和驱动方法;为了降低编程难度,引入状态图流程分析方法;学习时钟走时功能的实现技巧,按键调节时间功能的实现方法。

6.1 项目目标

学习目标:学习数码管显示的基本原理和实现方法,掌握基于状态图的流程设计方法。

学习任务:利用数码管和一定数量的按键,实现电子时钟的设计。

实施条件:单片机最小系统、独立按键、数码管显示模块等部分组成。

6.2 准备工作

6.2.1 数码管

数码管是由多个 LED 封在一起组成的"8"字形的显示器件,一般有红、绿、蓝、黄等颜色,广泛用于仪表、时钟、车站、家电等场合。

图 6.1 是常见的七段数码管的实物图。每个引脚已经与内部的条形 LED 的驱动端相连。该七段数码管由 8 个 LED 组成,其中七段按照"8"字形排列,第 8 个 LED 代表小数点。

把所有 LED 的阳极连接到 COM 端所形成的数码管称为共阳极数码管,如图 6.2 所示。反之,把所有 LED 的阴极连接到 COM 端所形成的数码管为共阴极数码管,如图 6.3 所示。当然,由于连接方式的不同,导致驱动的字形码正好相反。

七段共阳极数码管的驱动如图 6.4 所示。在图 6.4(a)中,将公共端连接到 V_{CC}。由于数码管是由多段条形 LED 组成的,因此,每段 LED 均需要经过限流电阻来连接驱动引脚。这种连接方式可以保证每个段的亮度一致。当然,实际应用中

图 6.1 七段数码管实物图

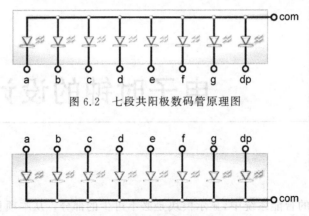

图 6.2 七段共阳极数码管原理图

图 6.3 七段共阴极数码管原理图

也可采用右图的连接方式,即简化电路。

图 6.4(b)是不恰当的连接,只在公共端和电源之间连接了一只限流电阻,当多个段同时被点亮时,就会导致每个段的 LED 流经的电流变小,因而会出现显示变暗或者熄灭的情况。所以若采用此方式,必须根据数码管的驱动电流大小,选择合适的限流电阻,其值不能太小,以免当点亮的段太少(如显示 1)时烧毁对应的段;其值也不能太大,以免当多个段同时点亮(如显示 8)时,显示太暗或者熄灭,一般选用 $100\sim200\Omega$ 为宜。

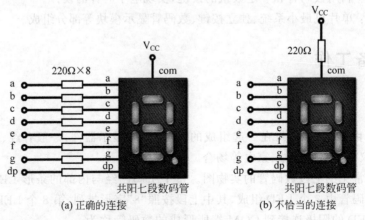

(a) 正确的连接　　　　　　　　　　　(b) 不恰当的连接

图 6.4 数码管驱动方法对比

a 脚与数码管的最上端的横对应,然后按照顺时针顺序命名到 e,g 对应数码管中间的横,dp 对应小数点。

驱动数码管的二进制编码称为字形码。例如显示 0 时,8 个段中只需 g 和 dp 熄灭,其他段均点亮即可。对于共阳极数码管,熄灭的段需接高电平,点亮的段需接低电平,如果把 dp 作为二进制的最高位,a 作为最低位,则所得到的字形码为 1100 0000,对应的十六进制数为 0xC0。以此类推,可以得到 0~9 对应的字形码,如图 6.5 所示。读者按此规律,可自行推导出其他字形码。例如,共阳极数码管中,黑屏的字形码为二进制全 1,即十六进制数 0xFF。

数字	(dp)	十六进制	显示
0	11000000	0xC0	0
1	11111001	0xF9	1
2	10100100	0xA4	2
3	10110000	0xB0	3
4	10011001	0x99	4
5	10010010	0x92	5
6	10000011	0x83	6
7	11111000	0xF8	7
8	10000000	0x80	8
9	10011000	0x98	9

图 6.5　共阳极数码管字形码示意图

仿照共阳极数码管的连接方式,可以得到共阴极数码的驱动,如图 6.6 所示。字形码与共阳极数码管的完全相反,如图 6.7 所示。

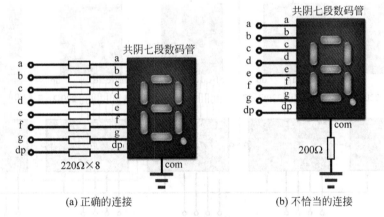

(a) 正确的连接　　　　　　　　　　(b) 不恰当的连接

图 6.6　共阴极数码管的驱动

数字	(dp)	十六进制	显示
0	00111111	0x3F	0
1	00000110	0x06	1
2	01011011	0x5B	2
3	01001111	0x4F	3
4	01100110	0x66	4
5	01101101	0x6D	5
6	00111100	0x3C	6
7	00000111	0x07	7
8	01111111	0x7F	8
9	01100111	0x37	9

图 6.7　共阴极数码管字形码示意图

6.2.2 数码管静态显示

工程中经常会遇到多片数码管级联的情况,例如本项目中显示小时、分钟和秒信息时,需要 6 片数码管才能完成任务。此时,有两种常见的显示方式:一种是静态显示方式;另一种是动态显示方式。

在静态显示中,一般也有两种驱动方式:一种采用译码器来驱动;另一种采用移位寄存器驱动。利用译码器实现的数码管静态驱动电路如图 6.8 所示,采用 7447 芯片进行译码,与七段共阳极数码管连接。例如,当显示 11.5 时,通过单片机输出对应的 8421 码即可完成显示,即 0000、0001、0001、0101、0000 编码。RBI 为灭灯输入端,当其值为低电平且输入的 BCD 码为全 0 时,数码管熄灭。因此,第一个和最后一个数码管处于熄灭状态。然而,第 3 个数码管的 dp 位经过电阻与地相连,代表小数点位常亮。该驱动方式利用 20 个引脚才完成 5 片数码管的显示,占用了较多的 I/O 资源。

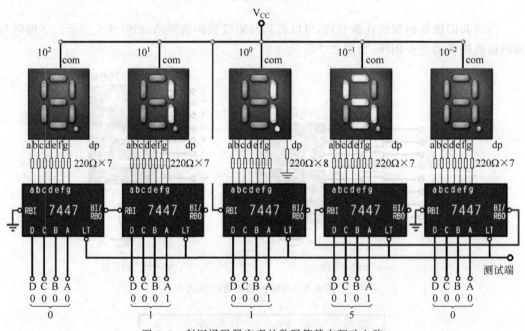

图 6.8 利用译码器实现的数码管静态驱动电路

利用移位寄存器驱动数码管的实例如图 6.9 所示。该电路中采用 74HC595 作为驱动模块。单片机控制第一片 74HC595 的数据(DS)和移位时钟信号(SH_CP),将待传输的数据逐位发送到 74HC595 内部的寄存器,当 6 片数码管的驱动数据发送完毕后,再给 74HC595 的数据锁存端(ST_CP)上升沿信号,则内部寄存器的数据将输出到锁存器中,进而完成数码管的显示过程。其中,6 片 74HC595 的 SH_CP 和 ST_CP 同名并联。第一片 74HC595 的 DS 与单片机的某 I/O 端口相连,当前片的 Q7′ 与下一片的数据输入端 DS 相连。关于数码管静态显示的相关方法,将在项目七进行详细讲解。

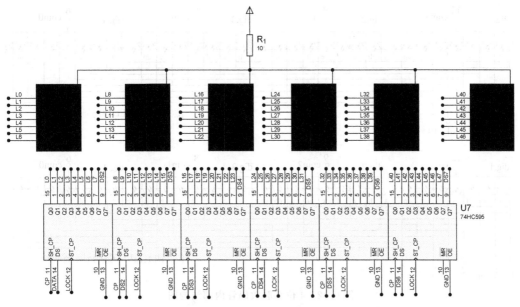

图 6.9　利用移位寄存器实现的数码管静态驱动电路

6.2.3　数码管动态显示

1. 级联数码管的结构

图 6.10 和图 6.11 展示了 4 位级联的数码管的正面和反面视图。从正面看,4 片数码管被连接成为一个整体,反面看会发现只有 12 个引脚。如何利用这些引脚实现数码管驱动呢?

图 6.10　级联数码管实物图正面

图 6.11　级联数码管实物图反面

图 6.12 展示了 4 位级联共阳极和共阴极数码管内部结构图。图中引脚编号为 12、9、8、6 代表每个数码管的公共端,而其他引脚分别与同名引脚并联,形成 8 个驱动端。在共阳极数码管中,公共端需连接到电源正极 V_{CC},驱动端接低电平则对应的段点亮,然而在共阴极数码管中,公共端需接地,驱动端接高电平则对应的段点亮。

2. 视觉暂留效应

视觉暂留:人眼在观察景物时,光信号传入大脑神经,需经过一段短暂的时间,光的作用结束后,视觉形象并不立即消失,这种残留的视觉称"后像",视觉的这一现象则被称为"视

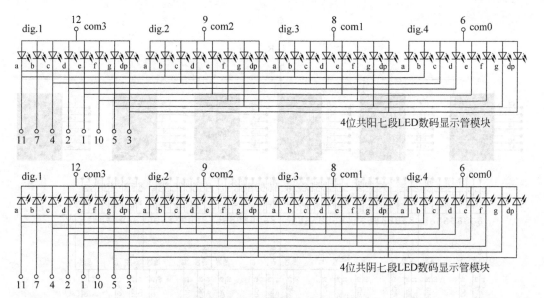

图 6.12　4 位级联数码管内部结构图

觉暂留"。视觉暂留时间一般为 0.1～0.4s。在播放电影时,采用每秒钟播放 24 张(帧)图片来实现影片内容的连贯。也就是说,如果将整屏看成是一张动态图片,如果以 1/24s 的间隔切换图片内容,或者说以 1/24/4≈0.01s 的间隔分别驱动每一只数码管,则用户就无法察觉到数码管内容的切换过程,从而达到数据被"稳定地"显示。

以显示 1234 为例说明数码管动态显示过程。在图 6.12 的共阳极数码管中,当某一片数码管的公共端被施加高电平时,驱动端的数据就会被直接传输到那一片对应的数码管的段上,从而点亮对应的数码管。将 1 的字形码送出,然后只在 com3 端加高电平,则第一片数码管显示 1;稳定一段时间后,将 2 的字形码送出,同时只将 com2 端加高电平,则完成了 2 的显示;同理完成 3 和 4 的显示。如果把该显示过程加快到一定程度,则最终会看到 1234 被稳定的显示在 4 个数码管上。这一现象就是视觉暂留效应的一个典型应用。

图 6.13 所示为数码管动态显示某一时刻的截图,当观察动态显示的慢动作时,会发现数码管中逐个被点亮。当调节送数频率,会观察到数码管的闪烁越来越慢,当刷新频率高于人眼的视觉暂留频率时,就会稳定地将 6 个 0 显示出来。

图 6.13　数码管动态显示某一时刻截图

3. 动态数码管驱动电路

图 6.14 所示是数码管动态显示的驱动方式一。工程上一般用三极管当作开关来驱动共阳极数码管的公共端,然后利用单片机的 I/O 端口直接连接数码管的段来实现多片数码管的动态驱动过程。这种方式的优点是成本低廉,适合批量生产;缺点是浪费 I/O 端口。驱动 4 位数码管时,需 4 个 I/O 端口用于片选扫描(图中的 A～D),需 8 个 I/O 端口(图中的 a～dp)来驱动段,共用了 12 个引脚。

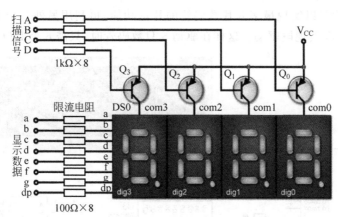

图 6.14 利用三极管和 I/O 端口实现动态数码管驱动

图 6.15 所示为数码管动态显示的驱动方式二。该图展示了利用三极管和译码器实现动态数码管驱动电路。其中,译码器 7447 芯片是一块 BCD 码转换成七段 LED 数码管的译码驱动 IC,其主要功能是输出低电平驱动的显示码,用以推动共阳极七段 LED 数码管显示相应的数字。

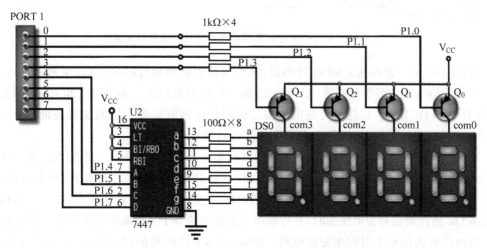

图 6.15 利用三极管和译码器实现动态数码管驱动

该驱动方式只比方式一节省了 4 个 I/O 端口,如果用于驱动 8 只数码管,则方式一需 16 个引脚,而方式二只需 12 个 I/O 端口。若在某个设计中,I/O 端口资源特别紧缺,没有足够的 I/O 端口来完成动态显示该怎么办呢? 是否有其他的驱动方式来节省更多的 I/O 端口呢?

图 6.16 所示是数码管动态显示的驱动方式三。该方式利用移位寄存器 74HC595 和译码器 74HC138 实现动态数码管驱动。该方式采用共阴极数码管,只需 3 个 I/O 端口连接译码器 74HC138,就可以实现最多 8 片数码管的片选功能,再利用另外 3 个 I/O 端口连接移位寄存器 74HC595 实现段驱动。这样在驱动 8 只数码管时,只需 6 个 I/O 端口。

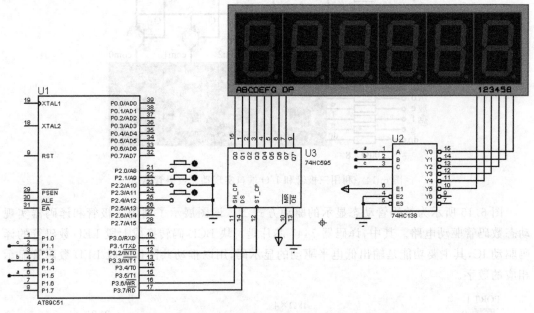

图 6.16　利用移位寄存器和译码器实现动态数码管驱动

74HC138 是一款高速 CMOS 译码器,其引脚兼容低功耗肖特基 TTL 系列。74HC138 有 3 个使能输入端:两个低有效(E1 和 E2)和一个高有效(E3)。除非 E1 和 E2 置低且 E3 置高,否则 74HC138 将保持所有输出为高。该芯片可接收 3 位二进制加权地址输入(A0、A1 和 A2),当芯片使能时,提供 8 个互斥的低有效输出(Y0~Y7)。

74HC595 是 8 位串行输入、并行输出的移位寄存器:并行输出为三态输出。在 SH_CP 的上升沿,串行数据由 DS 输入到内部的 8 位位移缓存器,并由 Q7′引脚输出,而并行输出则是在 ST_CP 的上升沿将在 8 位位移缓存器的数据存入到 8 位并行输出缓存器。当串行数据输入端 OE 的控制信号为低使能时,并行输出端的输出值等于并行输出缓存器所存储的值。

可以任意选择 6 个引脚来完成驱动。例如,将 3-8 译码器的控制端 a~c 分别与 P1.5、P1.3、P1.1 相连,控制译码器的输出端 Y0~Y7。根据 74HC138 译码器的功能可知,输出端某一时刻只有一个引脚有效(低电平),因此,任意时刻只有一只数码管的片选有效。当然,这也是为什么该驱动必须采用共阴极数码管的原因。对于移位寄存器 74HC595,DS 为移位数据输入端;SH_CP 为移位时钟,每次在上升沿时将 DS 的数据移入到内部缓冲器里一次;ST_CP 为锁存时钟,每次上升沿将内部锁存器的数值向输出口 Q0~Q7 传输一次。该实例中,将 DS、SH_CP 和 ST_CP 分别与单片机的 P3.7、P3.6、P3.4 相连。

6.3 项目实现

为了便于分析系统状态,降低程序设计难度,从该项目开始,将学习一种基于状态图的程序流程分析方法,如图 6.17 所示。

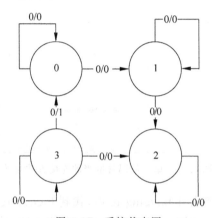

图 6.17 系统状态图

状态图(state diagram)是用来描述特定对象所有可能的状态,以及由于各种事件的发生而引起的状态之间的转移和变化的工具。该方法将"数字电子技术"课程中的状态机的理论应用到了单片机的程序流程分析中。

在状态图中,采用圆形代表系统的状态,通过带箭头的线代表条件和状态转换过程。在该项目中,系统的初始状态为 0 态,在该状态下,每隔 1s 刷新一次时间信息,如果触发了 SET 按键,则进入修改小时的状态 1;继续按 SET 按键,则进入修改分钟的状态 2;再继续按下 SET 按键,则进入修改秒钟的状态 3;最后,当按下 SET 按键后,系统返回到 0 态。同时,在 1~3 态下,只接受 ADD 或者 SUB 按键,以调整对应的时间信息。通过以上流程分析和状态描述,相信大家对该项目的实现过程已经有了清晰的认识。

6.3.1 单只数码管测试

打开 Proteus,在关键字中输入 7SEG,在查看元件列表中出现 AN 或者 CAT 结尾的元件名,其中 AN(Anode)代表共阳极数码管,CAT(cathode)代表是共阴极数码管。选择共阴极数码管,双击添加到元件库,返回绘图界面。

在数码管的每一个驱动端连接限流电阻。现在计算一下限流电阻的阻值。双击数码管查看属性,如图 6.18 所示。其中,正向导通电压(forward voltage)为 1.5V,驱动电流(segment on current)为 10 mA。当采用 5V 电源供电时,限流电阻分压 3.5V。因流过电阻的电流 10mA,则阻值为 3.5/0.01=350Ω。双击电阻,修改每只电阻的参数为 350Ω。

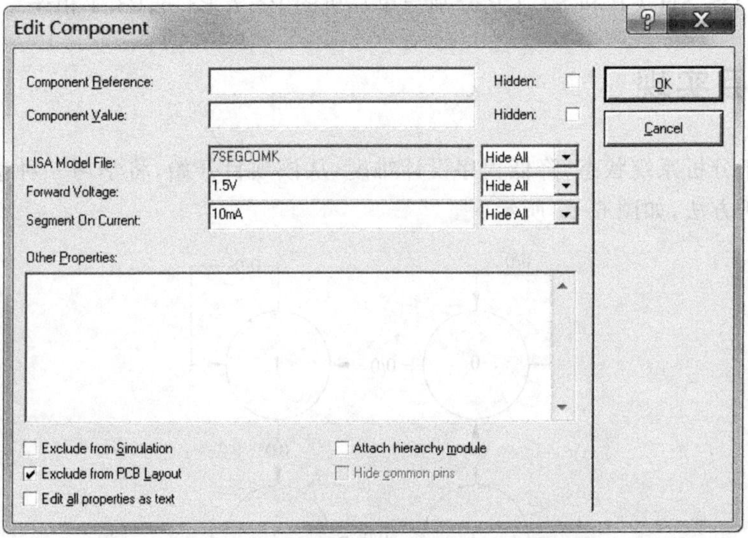

Edit Component			
Component Reference:		Hidden: ☐	OK
Component Value:		Hidden: ☐	Cancel
LISA Model File:	7SEGCOMK	Hide All ▼	
Forward Voltage:	1.5V	Hide All ▼	
Segment On Current:	10mA	Hide All ▼	
Other Properties:			

☐ Exclude from Simulation
☑ Exclude from PCB Layout
☐ Edit all properties as text
☐ Attach hierarchy module
☐ Hide common pins

图 6.18   单只数码管恰当的连接方式测试

再选择添加元件模式,单击 debugging tools,找到 logicstate 元件,双击添进元件列表,将其与第一只限流电阻相连,如图 6.19 所示。运行仿真电路,单击 logicstate 元件,改变输入状态,观察到横被点亮或者熄灭。

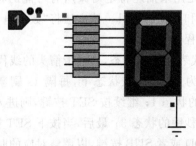

图 6.19   利用 logicstate 元件测试数码管的段

为简化电路,一般在公共端只连接一只限流电阻,如图 6.20 所示。将电阻连接到公共端,然后在驱动端上,直接连接 logicstate,将阻值修改为 350Ω,运行后就会发现横被点亮了。因所有的段分享经过电阻的总电流,所以当点亮段的个数增加时,就会使每一段流过的电流过小,这样就会使整个显示效果变暗或者是熄灭。只有将电阻值减小,才能改善显示效果。当然,当显示的段过少时,导致被点亮的段电流过大,影响到数码管的寿命或者会导致显示不同的字形时的亮度不一致。

测试数码管显示 0~9 所对应的字形码。把 logicstate 工具连接到数码管的每一个驱动端,驱动端与数码管各个段之间的对应关系如图 6.21 所示。如点亮 b 和 c 段时,数码管可以显示 1 的字形。

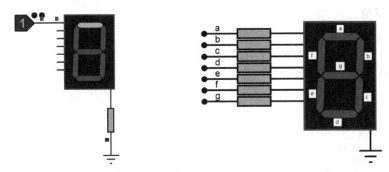

图 6.20 不恰当的驱动方式测试   图 6.21 数码管中各个段与驱动端的对应关系

将段 a~g 顺次连接到 P2.0~P2.6。由于本例中没有小数点段,因此,未连接 P2.7。而在获得字形码时,P2.7 可以取 0 或者 1,这样字形码就有两种值。以显示 1 的字形为例,当最高位 P2.7 取 0 时,高四位为 0000,而低四位为 0110,字形码为 0X06;如果最高位 P2.7 取 1 时,此时高四位的值就是 1000,字形码为 0X86。

从 AT89C51 单片机的驱动能力来看,灌电流(流入)可以达到毫安级,而拉电流(流出)只有微安级,无法驱动数码管。因此,利用 I/O 端口直接驱动数码管时,必须保证 I/O 端口工作在灌电流状态,也就是 I/O 端口只能直接驱动共阳极数码管,电路如图 6.22 所示。

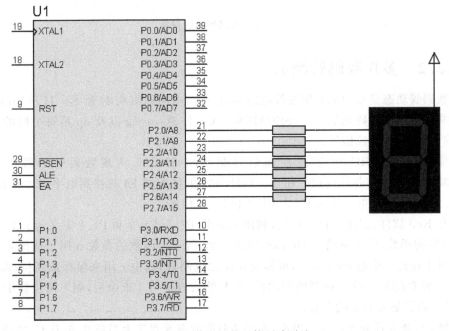

图 6.22 共阳极数码管驱动测试

利用数码管显示 0~9。先将字形码保存到数组 zxm 中,如图 6.23 的第 2 行所示。利用定时器 T0 产生中断,以 50ms 为定时周期,经过 20 次中断后,定时时间为 1s。每隔 1s 产生秒信号 sec。在主函数中,判断 sec 如果是 1 则将其清零,同时调用 zxm 数组的第 n 个元素给 P2 口赋值。

```c
01 #include "reg51.h"
02 unsigned char cnt,n,zxm[]={0x40,0xf9,0x24,0x30,0x19,0x12,0x02,0xf8,0x0,0x10};
03 bit sec;
04 void T0Ser() interrupt 1
05 {
06     TH0=-50000>>8;
07     TL0=-50000;
08
09     if(++cnt==20)
10     {
11         cnt=0;
12         sec=1;
13     }
14 }
15 void main()
16 {
17     TMOD=0x01;
18     IE=0x82;
19     TR0=1;
20     while(1)
21     {
22         if(sec)
23         {
24             sec=0;
25             P2=zxm[n];
26             if(++n>9)
27                 n=0;
28         }
29     }
30 }
```

图 6.23　数码管测试程序

6.3.2　多片数码管测试

以数码管动态显示为例介绍硬件电路实现方法,电路如图 6.24 所示。打开 Proteus,添加七段共阴极的级联数码管——7SEGMPX6-CC。注意:a~g 以及 dp 是每个段的驱动引脚,而编号 1~6 是片选信号。

本项目利用 74HC138 实现片选信号驱动,74HC595 实现数码管的段驱动。将 74HC138 的输出端与各片选信号相连。74HC138 的使能端 E1 连接高电平,E2 和 E3 连接低电平。将 a、b、c 与单片机的 P1.5、P1.3 和 P1.1 相连。

打开 Keil 软件,创建项目。首先,利用 sbit 将 P1.5、P1.3 和 P1.1 定义为 a、b 和 c,编写名为 CS 的函数,用于驱动 74HC138,如图 6.25 所示。函数的参数 n 用于选择第 n 片数码管。对于任意一个数 n∈[0,7],可拆成 3 位二进制数,其中 c 用来保存最高位,即 c 是 4 的倍数,b 保存的是 3 位二进制的中间位,即 b 的数值是与 4 求余后,剩下两位数中 2 的倍数,最后 a 的值是 n 和 2 的余数。

注意:C 语言区分大小写。因此,在定义引脚时若采用了大写字母 A、B、C,编译后会报

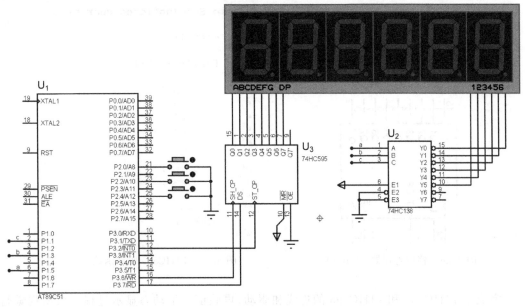

图 6.24　系统电路原理图

```
053  void CS(unsigned char n)
054┌ {
055      c=n/4;
056      b=n%4/2;
057      a=n%2;
058  }
```

图 6.25　CS 函数内容

错。错误提示信息为 B 被重定义了。这是因为在 reg51.h 文件中,B 已经被定义为寄存器。因此,把大写的 A、B、C 都统一改成小写,可以避免定义冲突。

74HC595 引脚如图 6.26 所示。74HC595 是一款漏极开路输出的 CMOS 移位寄存器,输出端口为可控的三态输出端,亦能串行输出控制下一级进行级联。该芯片的输出端 Q0 为数据的最高位,Q7 为最低位,Q7′用于和下一片 74HC595 级联时使用。在移位脉冲的作用下,芯片数据缓冲区中的数据由 Q0 逐渐向 Q7 移动。

驱动 74HC595 的 Send 函数如图 6.27 所示。待传输的字形码为 n,n 为字节型数据,因此,需循环 8 次。在循环中,每次通过"与"运算查看最低位的状态,结果是 1 则给数据线 Dat 赋值为 1,否则赋值为 0(第 44～47 行)。第 49～50 行用于在 Clk 线输出上升沿信号。为了继续执行循环,将数据 n 右移一次(第 51 行)。第 53～54 行用于在 Lock 线上输出上升沿信号,从而 74HC595 中的数据被锁存到输出端 Q0～Q7。当然,在项目九中,将学习串行通信方式,其中,串行工作方式 0 即为移位寄存器方式,可简化 74HC595 的驱动代码。

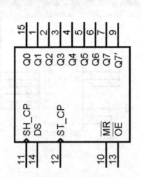

图 6.26　移位寄存器 74HC595

```
38  void Send(unsigned char n)
39  {
40      char i;
41
42      for(i=0;i<8;i++)
43      {
44          if(n&1)
45              Dat=1;
46          else
47              Dat=0;
48
49          Clk=0;
50          Clk=1;
51          n>>=1;
52      }
53      Lock=0;
54      Lock=1;
55  }
```

图 6.27　74HC595 驱动函数

　　完成了 74HC138 和 74HC595 的连线和驱动,再验证一下动态显示过程。根据视觉暂留效应,全屏的刷新率为 24Hz,则每个数码管的刷新频率为 24×6=144Hz。为计算方便暂取 200Hz,对应的周期为 1/200=0.005s,即 5000μs,每 5000μs 切换一次数码管,完成一次送数,就能实现数字的稳定显示。

　　动态扫描程序如图 6.28 所示。采用定时器 0 的方式 1,每 5ms 进入一次中断。第 35～39 行代码中,++cnt==200 的作用是为了对 5000μs 计数 200 次,实现 1s 的定时,为时钟

```
030  void T0Ser() interrupt 1
031  {
032      TH0=-5000>>8;
033      TL0=-5000;
034
035      if(++cnt==200)
036      {
037          cnt=0;
038          sec=1;
039      }
040
041      if(++pos>5)
042          pos=0;
043
044      CS(pos);
045
046      if(pos==2||pos==4)
047          Send(zxm[buf[pos]] | 1);
048      else
049          Send(zxm[buf[pos]]);
050  }
```

图 6.28　利用定时中断实现数码管动态扫描

提供基准。第 41～42 行,利用 pos 保存数码管的位置信息,取值为 0～5,当 pos>5 时,返回第 0 位。第 44 行,CS(pos)的作用是通过 74HC138 确定数码管的片选信号。第 47 行,为了在第 2 和第 4 片显示小数点,则将字形码和 1 进行或运算。因为采用的是共阴极数码管,74HC595 的最低位 Q7 对应着小数点位置,只有该位置取高电平,才可以点亮小数点,因此,需采用"或"运算,以保证第 2 和第 4 片的 Q7 位一直处于高电平。另外,第 2 片数码管的片选是 Y4,第 4 片数码管的片选是 Y2,因此,需判断 pos 是 2 或者 4 时点亮小数点。第 49 行代码的作用是完成对应字形码的传输。

6.3.3　走时功能的实现

主函数中更新时间的代码如图 6.29 所示。以查询方式判断 sec 的状态是否为 1,如果成立则将秒标志 sec 清零,然后根据电子时钟的走时规则,每经过 1s,second 的值加 1,当秒的值超过 59 时,则秒清零,minute 加 1,而当 minute 的值超过 59 时,minute 清零,然后hour 加 1,当 hour 大于 23 时,hour 清零。刷新时间的代码如图 6.29 中的第 159～170 行所示。

```
154    if(sec)
155    {
156        sec=0;
157
158        if(state==0)
159        {
160            if(++second>59)
161            {
162                second=0;
163                if(+++minute>59)
164                {
165                    minute=0;
166                    if(++hour>23)
167                        hour=0;
168                }
169            }
170        }
171        buf[0]=second%10;
172        buf[1]=second/10;
173        buf[2]=minute%10;
174        buf[3]=minute/10;
175        buf[4]=hour%10;
176        buf[5]=hour/10;
177    }
```

图 6.29　主函数中更新时间的代码

当 hour、minute 和 second 变量更新后,再将这些数值传输到数码管上。在显示部分,通过 CS 和 Send 函数配合完成数据传输。定义一个缓冲变量 buf,用于保存 6 个待显示的数字。每次当 hour、minute 和 second 变量被更新时,都通过取整和求余运算对 buf 进行赋值操作,见第 171～176 行代码。

6.3.4 按键功能的具体实现

按键扫描代码如图 6.30 所示。P1.0 对应 SET 键,P1.3 对应 ADD 键,P1.6 对应 SUB 键。

```
142   if((!SET || !ADD || !SUB) && !key_mark)
143   {
144     delay();
145     if(!SET || !ADD || !SUB)
146     {
147       key_mark=1;
148       key();
149     }
150   }
151   else if(SET && ADD && SUB)
152     key_mark=0;
```

图 6.30　按键扫描代码

系统的状态图如图 6.31 所示。在 0 态下实现时间的更新,此时的激励信号是秒信号,每隔一秒刷新一次。SET 键用于实现不同状态间的切换。

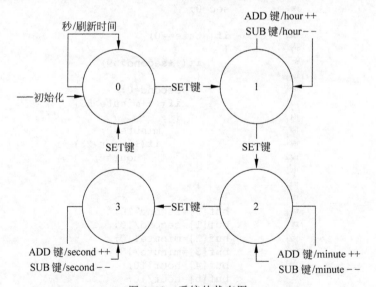

图 6.31　系统的状态图

在 0 态下 ADD 和 SUB 键是无效的,而在其他状态下代表对时间变量的更新,当然需限制时间变量的范围,即 hour 不超过 23,minute 和 second 不超过 59,请参考图 6.32 所示的代码。

注意在 SUB 键按下后的代码,hour、minute 和 second 变量必须是有符号类型的变量,否则无法实现减 1 后数值小于 0 的条件。当采用 unsigned char 声明定时变量时,变量是无符号类型,变量的值均大于或等于 0,不可能出现小于 0 的情况。因此,必须用 char 来声明有符号类型的时间变量。

```
078  void key()
079  {
080      if(!SET)
081      {
082          if(++state>3)
083              state=0;
084
085      }
086      else if(!ADD)
087      {
088          if(state==1)
089          {
090              if(++hour>23)
091                  hour=0;
092          }
093          else if(state==2)
094          {
095              if(++minute>59)
096                  minute=0;
097          }
098          else if(state==3)
099          {
100              if(++second>59)
101                  second=0;
```

图 6.32　按键处理函数 key 的片段

6.4　项目代码

参考代码如下:

```
1    # include "reg51.h"
2    sbit a = P1^5;
3    sbit b = P1^3;
4    sbit c = P1^1;
5    sbit Lock = P3^2;
6    sbit Dat = P3^7;
7    sbit Clk = P3^6;
8    sbit SET = P2^0;          //设置按键
9    sbit ADD = P2^2;          //调整参数按键
10   sbit SUB = P2^4;
11
12   void Send(unsigned char n);
13   void CS(unsigned char n);
14
15   char state,hour,minute,second,pos;
```

```
16    unsigned char cnt,buf[8] = {0,0,0,0,0,0,2,1},
17    zxm[ ] = {0xfc,0x60,0xda,0xf2,0x66,0xb6,0xbe,0xe0,0xfe,0xf6};
18    bit sec,key_mark;
19
20    void delay()
21    {
22        char i,j;
23
24        for(i = 0;i < 4;i++)
25          for(j = 0;j < 100;j++);
26    }
27
28    void T0Ser() interrupt 1
29    {
30        TH0 = - 5000 >> 8;
31        TL0 = - 5000;
32
33        if(++cnt == 200)
34        {
35          cnt = 0;
36          sec = 1;
37        }
38
39        if(++pos > 5)
40          pos = 0;
41
42        CS(pos);
43
44        if(pos == 2||pos == 4)
45          Send(zxm[buf[pos]] | 1);
46        else
47          Send(zxm[buf[pos]]);
48    }
49
50    void CS(unsigned char n)
51    {
52      c = n/4;
53      b = n % 4/2;
54      a = n % 2;
55    }
56
57    void Send(unsigned char n)
58    {
59        char i;
60
61        for(i = 0;i < 8;i++)
62        {
```

```
63          if(n&1)
64              Dat = 1;
65          else
66              Dat = 0;
67
68              Clk = 0;
69              Clk = 1;
70              n >> = 1;
71          }
72      Lock = 0;
73      Lock = 1;
74  }
75
76  void key( )
77  {
78      if(!SET)
79      {
80          if(++state > 3)
81              state = 0;
82      }
83      else if(!ADD)
84      {
85          if(state == 1)
86          {
87              if(++hour > 23)
88                  hour = 0;
89          }
90          else if(state == 2)
91          {
92              if(++minute > 59)
93                  minute = 0;
94          }
95          else if(state == 3)
96          {
97              if(++second > 59)
98                  second = 0;
99          }
100     }
101     else if(!SUB)
102     {
103         {
104             if(state == 1)
105             {
106                 if( -- hour < 0)
107                     hour = 23;
108             }
109         else if(state == 2)
```

```
110            {
111                if( -- minute < 0)
112                    minute = 59;
113            }
114            else if(state == 3)
115            {
116                if( -- second < 0)
117                    second = 59;
118            }
119        }
120    }
121 }
122
123 void InitT0()
124 {
125     TMOD = 0x01;
126     IE = 0x82;
127     TH0 = - 5000 >> 8;
128     TL0 = - 5000;
129     TR0 = 1;
130 }
131
132 void main()
133 {
134     hour = 12;
135     state = 0;
136
137     while(1)
138     {
139         if((!SET || !ADD || !SUB) && !key_mark)
140         {
141             delay();
142             if(!SET || !ADD || !SUB)
143             {
144                 key_mark = 1;
145                 key();
146             }
147         }
148         else if(SET && ADD && SUB)
149             key_mark = 0;
150
151         if(sec)
152         {
153             sec = 0;
154
155             if(state == 0)
156             {
```

```
157                     if(++second>59)
158                     {
159                        second=0;
160                        if(+++minute>59)
161                        {
162                           minute=0;
163                           if(++hour>23)
164                               hour=0;
165                        }
166                     }
167                  }
168                  buf[0]=second%10;
169                  buf[1]=second/10;
170                  buf[2]=minute%10;
171                  buf[3]=minute/10;
172                  buf[4]=hour%10;
173                  buf[5]=hour/10;
174              }
175          }
176      }
```

6.5　项目总结

该项目重点介绍了数码管工作原理和驱动方法,引入了视觉暂留效应的概念,并重点讲解了数码管动态显示的实现过程。同时,介绍了基于状态机的流程设计方法,使按键操作的代码实现更加容易。

思考问题:

(1) 如何实现一种具有闹铃和整点报时功能的电子时钟?

(2) 如何利用液晶完成该项目的设计?

6.6　习题

1. 数码管静态显示可以采用(　　)驱动。

　　A. 译码器　　　　　B. 移位寄存器　　　C. 编码器　　　　　D. 数据选择器

2. 7447 模块用于驱动共(　　)数码管。

　　A. 阴极　　　　　　B. 阳极　　　　　　C. 以上都对

3. 在 74HC595 芯片中,LOCK 端的作用是(　　)。

　　A. 数据输入　　　　B. 时钟输入　　　　C. 锁存输入　　　　D. 输出使能

4. 在 74HC595 芯片中,LOCK 端采用(　　)控制信号。

　　A. 高电平　　　　　B. 低电平　　　　　C. 上升沿　　　　　D. 下降沿

5. 共阴极数码管的驱动端连接到(　　　)才能点亮对应的段。

    A. 阳极　　　　　　　　B. 阴极

6. (　　　)芯片可以用于驱动数码管。

    A. 74HC138　　　　　B. 74HC595　　　　　C. 74HC00　　　　　D. 74HC112

7. 利用 7447 驱动数码管时,单片机利用(　　　)码驱动数码管显示。

    A. ASCII　　　　　　　B. BCD

8. 与 7447 驱动数码管相比,利用 74HC595 驱动数码管会节省 I/O 端口。(　　　)

    A. 对　　　　　　　　　B. 错

9. 74HC595 多片级联时,将上一片的(　　　)端和下一片的(　　　)端相连。

    A. 时钟端　　　　　B. 进位端　　　　　C. 锁存端　　　　　D. 数据输入端

10. 使用 74HC595 时,将所有 74HC595 的时钟信号并联。(　　　)

    A. 对　　　　　　　　　　　　B. 错

项目七

计算器的设计

本项目将重点讲解数码管静态显示原理和驱动方法,同时进一步强化状态图流程分析方法以及矩阵按键识别方法。数码管静态驱动方法能利用更少的 I/O 资源,实现多位数码管的级联显示,由于不需要动态刷新显示内容,因此可以简化显示程序。

7.1 项目目标

学习目标:学习数码管静态显示的基本原理和驱动方法。

学习任务:利用数码管和一定数量的按键,实现简易计算器的设计。

实施条件:单片机、矩阵式按键、级联数码管、电阻、电容、晶振等。

7.2 准备工作

7.2.1 计算器简介

算数型计算器可以进行加、减、乘、除等简单的四则运算,又称简单计算器。科学型计算器可进行乘方、开方、指数、对数、三角函数、统计等方面的运算,又称函数计算器。Windows 系统下的计算器操作界面如图 7.1 所示。单击"查看"菜单,可以选择标准型、科学型或者程序员计算器。

7.2.2 数码管静态显示

静态驱动也称直流驱动,是指数码管的每一个段码直接由单片机的引脚进行驱动,或者利用译码器进行驱动。静态驱动的优点是编程简单、显示亮度高,缺点是当利用 I/O 引脚直接驱动时,占用 I/O 引脚多,如驱动 6 个数码管静态显示,则需 $6 \times 8 = 48$ 个引脚来驱动。显然对于一片只有 32 个 I/O 引脚的 AT89C51 单片机来说是做不到的。因此,在实际应用常采用译码器进行驱动。

利用 74HC595 级联方式实现数码管静态驱动的电路如图 7.2 所示。将每一片的数据溢出端 Q7′ 与下一片的数据输入端 DS 相连,则可以实现多片数码管驱动。该方式只需 3 个

I/O 端口,能最大程度地节省单片机的 I/O 资源。

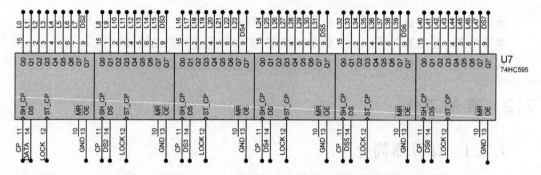

图 7.1　计算器的界面

图 7.2　利用 74HC595 级联方式实现数码管静态驱动的电路

7.2.3　计算器的状态图

打开 PC 的计算器程序,如图 7.3 所示。输入 1＋2×3＝,结果为 9,可见该标准型的计算器是没有优先级的,即按照输入的先后顺序完成运算,先计算 1＋2＝3,然后再计算 3×3＝9。如果单击“查看”菜单,将计算器修改为科学型,再计算一遍该表达式,则结果为 7。显然,在科学型计算器中已经考虑到优先级的问题。为了降低设计难度,本项目将设计一款无优先级的计算器,同时借助于该项目的分析和设计方法,很容易将其扩展为具有优先级的计算器。

顾名思义,无优先级的计算器只根据输入运算符的先后顺序完成双目运算,而不考虑运算规则。按照状态机的设计思想对系统建模,其状态图如图 7.4 所示。

该系统应划分为 3 个状态即 0～2,其中 0 态为 n1 赋值态,1 态为 n2 赋值态,2 态为过

图 7.3　计算器的运算过程

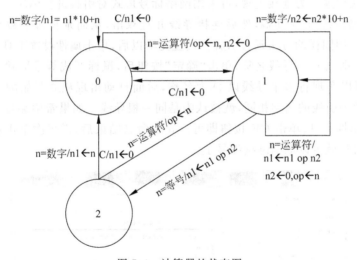

图 7.4　计算器的状态图

渡态。图中,激励和响应信号用"/"隔开,并利用带箭头的线段标注状态转移方向。按键作为系统的激励信号可分为 4 种情况,即数字键、等号键(=)、运算符(+、-、×、/)和清零键(C)。设每次键入的信息保存到变量 n 中,op 代表运算符,n1 和 n2 代表两个操作数,则得到如下运算规则。

(1) 初始化 n1 为 0,进入 0 态。

(2) 任何状态下输入 C 均进入初始状 0 态。

(3) 0 态下,输入数字时,则更新 n1。

(4) 0 态下,输入运算符,则保存运算符并对 n2 清零,并转入 1 态。

（5）1 态下，输入数字时，则更新 n2；1 态下，输入运算符，则更新 n1 并对 n2 清零，保存运算符。

（6）1 态下，输入等号，更新 n1，转入 2 态。

（7）2 态下，输入运算符，保存运算符，转入 1 态。

（8）2 态下，输入数字，更新 n1，回到 0 态。

7.3　项目实现

7.3.1　仿真电路图

打开 Proteus，在关键字处输入 7SEG-com-AN，选择共阳极数码管，然后再加入 74HC595。本项目需 6 片数码管，并且采用静态驱动的方式。为了连线方便，采用一只 10Ω 限流电阻来连接所有数码管的公共端。由于采用的是共阳极数码管，所以公共端需经过限流电阻连接到 V_{CC}。每一片数码管采用 74HC595 进行驱动。74HC595 的 Q0～Q7 分别与数码管的驱动端相连。为连接美观，可采用网络标号形式对引脚进行标注。

首先，单击数码管的驱动端，然后连接导线并且双击，从而延长每个数码管的段引脚。然后将 Q0～Q7 用同样的方法延长引脚。设置完毕以后，单击属性设置工具如图 7.5 所示，输入 net＝D♯，即以 D 为导线名称，单击"确定"按钮后，鼠标变成等号形状，此时单击要命名的导线，就可以实现将多个导线以 D 为名称，后面自动出现从 0 开始顺序增大的编号。在 Proteus 中两个引线的名字相同，就被认为是同一根导线。如果希望编号重新开始，则需再次单击导线属性工具，单击 OK 按钮即可。导线命名结束后，需再次单击属性工具，然后选择 Cancel 按钮，就可以取消继续编号了。

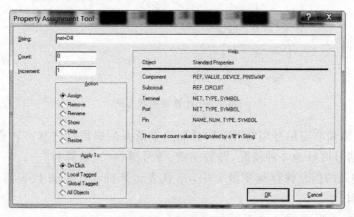

图 7.5　导线属性设置工具

利用该方法将多片 74HC595 分别和对应的数码管的引脚相连。上一片 74HC595 的 Q7′，要连接到下一片的数据输入端 DS。这样每一个 74HC595 就可以将溢出的数据传输给下一片，实现多片级联。另外，将每一片 74HC595 的时钟端和锁存端连接到单片机的引脚。

比如时钟端命名为 CP,锁存端命名为 LOCK,效果如图 7.6 所示。6 片 74HC595 依次与对应的每一片数码管相连,注意每个引脚的编号都不同,要与 74HC595 的输出端一一对应。每一个时钟端名字均为 CP,每一个锁存端的名字均为 LOCK,最后再与单片机相连的引脚相连。

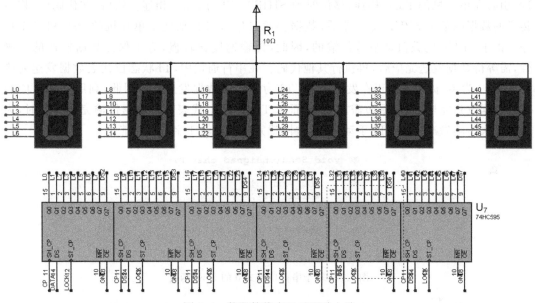

图 7.6　数码管静态显示驱动电路

在单片机中,可以任意找出 3 个引脚,来连接时钟数据和锁存信号。由于 6 片 74HC595 是级联的,所以只有第一片 74HC595 有数据输入端,而其他 74HC595 的数据均来自于上一片的溢出端 $Q7'$。同样的方法,利用网络标号完成矩阵式按键的连接,如图 7.7 所示。

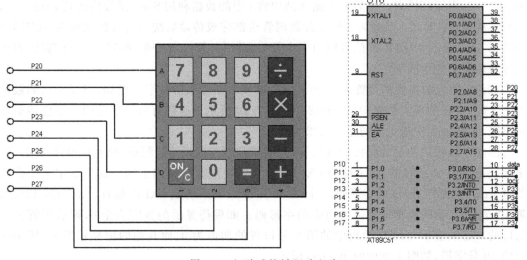

图 7.7　矩阵式按键驱动电路

7.3.2 数码管静态显示测试

利用串行口方式 0 进行 74HC595 控制的函数如图 7.8 所示。首先保证 74HC595 的 DS 引脚和单片机的 P3.0 相连,移位时钟 SHIFT-CP 与 P3.1 相连。然后,在代码中,将待传送的数据赋值给 SBUF 寄存器后,数据会通过串行口自动地由单片机的 P30 和 P31 传输。由于 SBUF 的数值是串行传输的,因此,传输速度比较慢,为了保证数据发送的正确性,需等待数据发送完毕后,再执行其他代码。在串行通信中,TI 状态位代表数据发送完毕标志。TI 为零,标明数据正在发送中,而 TI 为 1 代表数据发送完。因此,利用 while(!TI) 实现数据发送完毕等待,后边需加分号,而当 TI 为 1 时,代表串行数据传输完毕。此时,为了对下次传输做准备,将 TI 手动清零,这样就完成了传输 1 字节的功能。

```
050  void Send(unsigned char n)
051  {
052      SBUF=zxm[n];
053      while(!TI);
054      TI=0;
055
056      Lock=0;
057      Lock=1;
058  }
```

图 7.8 基于串行口方式 0 的 Send 函数

多片数码管的静态显示代码如图 7.9 所示。假设 n 为待传输的数值,最多可以达到 6 位数字,因此,n 声明为长整型变量。然后根据 n 的具体内容,要把 n 的数传输到 6 片数码管中。声明一个缓冲变量 t,其中含有 6 个元素,分别用来存储待显示的数值。采用循环结构进行拆分处理,条件是只要 n 不为零,就继续对 n 进行拆分操作。通过和 10 求余的方式获取个位数并保存到数组 t 中,再把 n 和 10 取整来移除个位。利用 i 来保存数据的位数,如果 i 大于 5,则循环结束。最后采用循环结构将 t 中的数据利用 Send 函数传送到 74HC595,从而实现数码管显示。注意为了使 6 片数码管全部完成传输后统一进行数据刷新,在图 7.9 中的第 58～59 行对 LOCK 信号输出了上升沿,此时将图 7.8 中的第 56～57 行删除,否则会导致数码管发生闪烁。

如果 t 数组的初值都设置为 0,则显示会出现以 0 开头的数字。例如,当要显示的数值为 123 时,真正的现实结果却是 000123,如图 7.10 所示。这些有效数字前的 0 不应该被显示出来,那么如何实现正确的显示效果呢?

因本项目采用的是共阳极的数码管,公共端已经连接到了电源正,熄灭数码管所对应的字形码应该是全高电平,即字形码 0XFF。如何将 0XFF 传输出去呢?这里在定义字形码数组 zxm 时,除了 0～9 的字形码之外,在第 10 个位置声明成 0XFF,这样当取 zxm 数组的第 10 个数时,就代表传输黑屏所对应的字形码。如果待显示的数字为全 0,则数码管的最低位的 0 必须显示,因此 t 数组中的第 0 号位置的初值为 0,而其他的位显示黑屏,即 zxm 中的 10 号字形,如图 7.9 中的第 41 行所示。

```
039  void Display(long  n)
040  {
041      unsigned char i,t[6]={0,10,10,10,10,10};
042
043      i=0;
044
045      while(n)
046      {
047          t[i++]=n%10;
048          n/=10;
049          if(i>5)
050              break;
051      }
052
053      for(i=0;i<6;i++)
054      {
055          Send(zxm[t[i]]);
056      }
057
058      LOCK=0;
059      LOCK=1;
060  }
```

图 7.9　显示函数

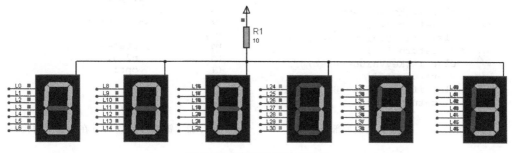

图 7.10　非正确的显示方式

7.3.3　矩阵按键驱动

本项目利用矩阵式按键实现数据的录入,即模拟计算器按键的功能。对于按键识别代码,请参考项目四的相关讲解。本节将重点讲解矩阵式按键处理函数 Key 的实现方法。在按键处理函数中,需根据键值来判断按键的状态。由于本程序的关键就在于按键的处理过程,为使代码便于阅读和理解,此处引入了键值扫描函数 scankey,其部分代码如图 7.11 所示。该函数一旦被调用后,会根据当前键值返回一个字符类型的值,用来反映当前按键的信息。例如当按下了数字键(0~9),那么该函数返回字符'0'~'9',按下"="键则返回'E'等。

键处理函数 Key 在 0 态下的代码如图 7.12 所示。由图 7.4 所示的计算器状态可知,该计算器系统被分成 3 个状态。第 103 行的代码利用变量 t 获取当前按键的信息,然后对当前的状态进行判断。如果状态是 0 态,则是给 n1 赋值的状态。在该状态下,如果 t 的值等于大写字母'C',则将变量 n1 清零,同时把 n1 的值显示出来,对应代码为第 107~111 行;如果 t 为数字,即 t 大于或等于'0',并且 t 小于或等于'9',则将 n1 扩大 10 倍,然后再加上当前输入的新数值。由于 t 是字符,所以将 t 减去 48,即字符 0 的 ASCII 码值,然后将 n1 的值显示出来,对应代码为第 112~116 行。如果第 107 行和第 112 行代码都不成立,则说明按下的按键是运算符或者等号。如果 t 不等于'E',则表示当前输入的是运算符,此时进入 1 态,然后将 n2 清零,同时将操作符保存到 option 中。

```
062  unsigned char scankey()
063  {
064      if(KeyValue==0xe7)  //on/c
065          return 'C';
066      else if(KeyValue==0xb7)  //equ
067          return 'E';
068      else if(KeyValue==0x77)  //+
069          return '+';
070      else if(KeyValue==0x7b)  //-
071          return '-';
072      else if(KeyValue==0x7d)  //*
073          return '*';
074      else if(KeyValue==0x7e)  ///
075          return '/';
076      else if(KeyValue==0xd7)  //0
077          return '0';
078      else if(KeyValue==0xeb)  //1
079          return '1';
080      else if(KeyValue==0xdb)  //2
081          return '2';
```

图 7.11　scankey 函数的部分代码

```
099  void key()
100  {
101      unsigned char t;
102
103      t=scankey();
104
105      if(state==0)
106      {
107          if(t=='C')
108          {
109              n1=0;
110              Display(n1);
111          }
112          else if(t>='0' && t<='9')
113          {
114              n1=n1*10 +  t - 48 ;
115              Display(n1);
116          }
117          else if(t!='E')
118          {
119              state=1;
120              n2=0;
121              option=t;
122          }
123      }
124  }
```

图 7.12　键处理函数 Key 在 0 态下的代码

1 态是给 n2 赋值的状态,代码与 0 态相似,如图 7.13 所示。此时按下数字键,代表更新 n2 的值,不同之处是当按下运算符时,由于 0 态下已经保存了一个运算符,此时要根据运算符来完成相应的运算。第 127~132 行代码用于判断当按下 C 键时,n1 是否清零并回到 0 态,然后再把 n1 当前的值显示出来。第 127~132 行代码用于判断当按下的是数字键 0~9 时,是否需更新 n2,然后再将 n2 的值显示出来,如果按下的是运算符,则先进行算数运算,然后将 n2 的值清零,再将新的运算符保存起来,最后显示结果。第 138~151 行代码用于判断当 t 不等于'E',即按下运算符时,根据 option 的运算符号进行运算,将运算结果需保存到 n1 中,然后将 n2 清零,再将 n1 的值显示出来,并且把当前的新运算符保存到 option 中。当 t 等于'E'时,操作步骤与 t 为运算符时类似,不同之处在于计算完结果后,状态进入到 2 态,如第 152~165 行代码所示。

2 态是中间态,相关代码如图 7.14 所示。如果在 2 态下,按下了清零按键,则将 n1 清零,回到 0 态;如果输入了数字,则更新变量 n1 的值,然后回到 0 态;如果输入了运算符,则保存运算符,转入 1 态。

```
125    else if(state==1)
126    {
127        if(t=='C')
128        {
129            n1=0;
130            state=0;
131            Display(n1);
132        }
133        else if(t>='0' && t<='9')
134        {
135            n2=n2*10 +  t - 48 ;
136            Display(n2);
137        }
138        else if(t!='E')
139        {
140            if(option=='+')
141                n1+=n2;
142            else  if(option=='-')
143                n1-=n2;
144            else if(option=='*')
145                n1*=n2;
146            else if(option=='/')
147                n1/=n2;
148            n2=0;
149            Display(n1);
150            option=t;
151        }
152        else
153        {
154            if(option=='+')
155                n1+=n2;
156            else  if(option=='-')
157                n1-=n2;
158            else if(option=='*')
159                n1*=n2;
160            else if(option=='/')
161                n1/=n2;
162
163            Display(n1);
164            state=2;
165        }
166    }
```

```
167    else if(state==2)
168    {
169        if(t=='C')
170        {
171            n1=0;
172            state=0;
173            Display(n1);
174        }
175        else if(t>='0' && t<='9')
176        {
177            n1=t - 48 ;
178            Display(n1);
179            state=0;
180        }
181        else if(t!='E')
182        {
183            state=1;
184            option=t;
185            n2=0;
186        }
187    }
```

图 7.13　键处理函数 Key 在 1 态下的代码　　图 7.14　键处理函数 Key 在 2 态下的代码

7.4　项目代码

参考代码如下：

```
1      # include < reg51.h>
2
3      sbit LOCK = P3^2;
4      sbit CLK = P3^1;
5      sbit DAT = P3^0;
6
7      unsigned char zxm[] = {0x03,0x9f,0x25,0x0d,0x99,0x49, 0x41,0x1f,0x01,0x09,0xff};
8      unsigned char cnt,KeyValue,state,option;
9      long n1,n2;
```

```
10    bit key_mark;
11
12    void Send(unsigned char n)
13    {
14        char i;
15
16        for(i = 0;i < 8;i++)
17          {
18              if(n&1)
19                DAT = 1;
20              else
21                DAT = 0;
22
23              CLK = 0;
24              CLK = 1;
25              n >> = 1;
26          }
27    }
28
29    void delay()
30    {
31        unsigned char i,j;
32        for(i = 0;i < 4;i++)
33          for(j = 0;j < 100;j++);
34    }
35
36    void Display(long  n)
37    {
38        unsigned char i,t[6];
39
40        i = 0;
41        while(n)
42        {
43              t[i++] = n % 10;
44              n/ = 10;
45              if(i > 5)
46                  break;
47        }
48        for(i = 0;i < 6;i++)
49        {
50              Send(zxm[t[i]]);
51        }
52        LOCK = 0;
53        LOCK = 1;
54    }
55
56    unsigned char scankey()
```

```
57      {
58          if(KeyValue == 0xe7)              //on/c
59              return 'C';
60          else if(KeyValue == 0xb7)         //equ
61              return 'E';
62          else if(KeyValue == 0x77)         // +
63              return ' + ';
64          else if(KeyValue == 0x7b)         // –
65              return ' – ';
66          else if(KeyValue == 0x7d)         // ×
67              return ' * ';
68          else if(KeyValue == 0x7e)         ///
69              return '/';
70          else if(KeyValue == 0xd7)         //0
71              return '0';
72          else if(KeyValue == 0xeb)         //1
73              return '1';
74          else if(KeyValue == 0xdb)         //2
75              return '2';
76          else if(KeyValue == 0xbb)         //3
77              return '3';
78          else if(KeyValue == 0xed)         //4
79              return '4';
80          else if(KeyValue == 0xdd)         //5
81              return '5';
82          else if(KeyValue == 0xbd)         //6
83              return '6';
84          else if(KeyValue == 0xee)         //7
85              return '7';
86          else if(KeyValue == 0xde)         //8
87              return '8';
88          else if(KeyValue == 0xbe)         //9
89              return '9';
90      }
91
92      void key()
93      {
94          unsigned char t;
95
96          t = scankey();
97
98          if(state == 0)
99          {
100             if(t == 'C')
101             {
102                 n1 = 0;
103                 Display(n1);
```

```
104            }
105        else if(t > = '0' && t < = '9')
106        {
107            n1 = n1 * 10  +   t  -  48 ;
108            Display(n1);
109        }
110        else if(t!= 'E')
111        {
112            state = 1;
113            n2 = 0;
114            option = t;
115        }
116    }
117    else if(state == 1)
118    {
119        if(t == 'C')
120        {
121          n1 = 0;
122          state = 0;
123          Display(n1);
124        }
125        else if(t > = '0' && t < = '9')
126        {
127          n2 = n2 * 10  +  t  -  48 ;
128          Display(n2);
129        }
130        else if(t!= 'E')
131        {
132            if(option == ' + ')
133              n1 += n2;
134            else if(option == ' - ')
135              n1 -= n2;
136            else if(option == ' * ')
137              n1 * = n2;
138            else if(option == '/')
139              n1/ = n2;
140          n2 = 0;
141          Display(n1);
142          option = t;
143        }
144        else
145        {
146            if(option == ' + ')
147              n1 += n2;
148            else if(option == ' - ')
149              n1 -= n2;
150            else if(option == ' * ')
```

```
151                n1 * = n2;
152            else if(option == '/')
153               n1/ = n2;
154
155            Display(n1);
156            state = 2;
157        }
158    }
159    else if(state == 2)
160    {
161        if(t == 'C')
162        {
163            n1 = 0;
164            state = 0;
165            Display(n1);
166        }
167        else if(t > = '0' && t < = '9')
168        {
169            n1 = t － 48 ;
170            Display(n1);
171            state = 0;
172        }
173        else if(t!= 'E')
174        {
175            state = 1;
176            option = t;
177            n2 = 0;
178        }
179    }
180 }
181
182 void main()
183 {
184    Display(0);
185    P2 = 0xFF;
186    P2 = 0xF0;
187
188    while(1)
189    {
190        if((P2!= 0xF0) && !key_mark)
191        {
192            delay();
193            if(P2!= 0xF0)
194            {
195                KeyValue = P2;
196                P2 = 0xFF;
197                P2 = 0x0F;
```

```
198                 KeyValue += P2;
199                 key();
200                 key_mark = 1;
201                 P2 = 0xFF;
202                 P2 = 0xF0;
203             }
204         }
205     else if(P2 == 0xF0)
206         key_mark = 0;
207     }
208 }
```

7.5　项目总结

本项目进一步强化了状态图的重要性，以它为辅助工具，很容易实现较复杂的程序设计。注意状态图只是算法的一种表达形式，解决同一个问题可以采用不同的算法，也可以有不同的状态转换图画法。数码管静态驱动方法能利用更少的 I/O 资源，实现多位数码管的级联显示，由于不需动态刷新显示内容，因此可以简化显示程序。同时，引入了使数码管黑屏的技巧，从而使显示效果更美观。设计中，还进一步强化了矩阵按键识别的策略。该项目的核心程序就是按键识别 key 函数。由于其完成的任务多，增加了本段代码的复杂度，因此，采用了 scankey 函数来实现按键的判断。

思考问题：

1. 如何实现具有优先级的计算器设计？

2. 如何使计算器具有计算实型数的功能？

7.6　习题

1. 移位寄存器的功能为（　　）。

　　A. 串入并出　　　　　B. 并入传出　　　　　C. 锁存　　　　　D. 缓冲

2. 一片移位寄存器可以驱动（　　）片数码管。

　　A. 1　　　　　　　　B. 2　　　　　　　　C. 3　　　　　　　　D. 4

3. 4×4 矩阵式按键需（　　）个 I/O 端口驱动。

　　A. 2　　　　　　　　B. 4　　　　　　　　C. 6　　　　　　　　D. 8

4. 每个特定控制系统的状态转换图是（　　）。

　　A. 唯一的　　　　　　B. 不唯一的

5. 与动态显示相比，数码管静态显示的优点是（　　）。

　　A. 简化程序　　　　　B. 不用频繁刷新　　　C. 节省电能　　　　D. 0

6. Intel 4004 由（　　）晶体管组成。

    A. 1300　　　　　　　B. 2300　　　　　　　C. 3300　　　　　　　D. 4300

7. 8051 单片机是典型的（　　）位机。

    A. 4　　　　　　　　B. 8　　　　　　　　　C. 16　　　　　　　　D. 32

8. 74HC595 芯片具有（　　）功能，所以驱动数码管时不需动态刷新。

    A. 译码　　　　　　　B. 编码　　　　　　　C. 锁存　　　　　　　D. 显示

9. 74HC595 只能用于静态驱动数码管。（　　）

    A. 对　　　　　　　　B. 错

10. 共阳极数码管熄灭需传送的字形码为（　　），该字形码需保存到数组的第（　　）角标。

    A. 0x00　　　　　　　B. 0xFF　　　　　　　C. 9　　　　　　　　D. 10

项目八 频率计的设计

外中断(也称外部中断)在信号采集中具有举足轻重的作用,该项目将学习外中断的使用方法,并讨论如何利用定时器进行外部计数。介绍两种常用的频率检测方法:闸门法和等精度频率计法。

8.1 项目目标

学习目标:学习外中断和计数器的用法。

学习任务:利用定时器/计数器实现频率计的设计。

实施条件:单片机、数码管、电阻、电容、晶振等。

8.2 准备工作

8.2.1 外中断

AT89C51 单片机提供了两个外部中断引脚:INT0(P3.2)和 INT1(P3.3)。AT89C51 单片机的中断控制系统结构如图 8.1 所示。由该图可知,每个外中断信号既可以采用电平触发,也可以采用下降沿触发。

以外中断 0 为例说明外中断的工作过程。当外中断设置为下降沿触发模式时,若 INT0 引脚出现由高电平到低电平的跳变,中断标志位 IE0 被自动设置为 1,表示外中断请求,该标志会一直保持到中断被响应,然后由内部电路自动清除。当外部中断设置为电平触发模式时,在外部中断引脚 INT0 变为低电平时,IE0 变为 1,直到引脚 INT0 的输入变为高电平时,IE0 位才清零。因此,选择低电平触发模式时,对 INT0 的电平持续时间有严格的要求,必须保持 INT0 引脚为低电平,直到中断被响应后才能拉高。若低电平时间太短,则可能导致中断不会被响应;若太长,在中断子程序执行完后仍为低电平,则 IE0 会一直保持为 1,这时会导致一次中断请求,得到多次响应。所以,外中断常工作在下降沿触发模式。外中断的触发方式由 TCON 寄存器的 IE0 和 IE1 来决定。

定时器控制寄存器 TCON 的结构如表 8.1 所示。

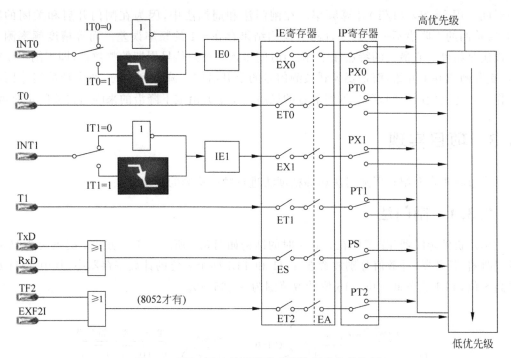

图 8.1 AT89C51 单片机的中断控制系统结构图

表 8.1 定时器控制寄存器 TCON 的结构

位序号	DB7	DB6	DB5	DB4	DB3	DB2	DB1	DB0
符号位	TF1	TR1	TF0	TR0	IE1	IT1	IE0	IT0

IE1 为外部中断 1 请求标志。当 IT1＝0 时,位电平触发方式,每个机器周期的 S5P2 采样 INT1 引脚,若 NIT1 引脚为定电平,则置 1,否则 IE1 清零。当 IT1＝1 时,INT1 为跳变沿触发方式,当第一个及其机器周期采样到 INIT1 为低电平时,则 IE1 置 1,表示外部中断 1 正向 CPU 中断申请。当 CPU 响应中断,转向中断服务程序时,该位由硬件清零。

IE0 为外部中断 0 请求标志,其功能及操作方法同 IE1。

8.2.2 频率检测方法

常见的测量频率的方法有闸门法、周期法以及等精度法等。

(1) 闸门法。产生一个固定时间的闸门(例如 1s),用计数器统计闸门时间内的脉冲数。这种方法适合于测量高频,低频需很长的闸门时间。

(2) 周期法。使用定时器测量一个脉冲的周期 T,用 f＝1/T 计算频率。适合于测量低频,频率高了周期太短分辨率不够,会导致误差变大。

(3) 等精度法。规定一个闸门时间,连续测量 N 个脉冲的总周期,且总周期必须大于闸门时间。用 $f=N\times(1/T)$ 计算频率。在闸门法和周期法中,因为在闸门开启和关闭的瞬间,待检测的下降沿不一定到来,因此,检测结果存在 ±1 的频率误差。而等精度频率测量可以满足精度。它最大的特点在于,闸门时间永远是被测信号周期的整数倍,即当闸门使能时,实际闸门并未开始,而是要等到被测信号的上升沿或下降沿到来时,两个计数器才同时工作。当达到定时时间,继续等到信号的最后一个上升沿或下降沿的来临后再关闭定时器。

8.3 项目实现

本节将重点介绍利用闸门法和等精度法进行频率检测的实现方法。

8.3.1 闸门法

单片机的定时器 T1 工作在方式 1 时的结构如图 8.2 所示。工作方式 1 提供两个 16 位的定时器/计数器,计数值分别放置在 TH1 和 TL1 两个 8 位的计数寄存器中,其中 TH1 放置高 8 位,TL1 放置低 8 位。16 位计数范围为 0~65536。

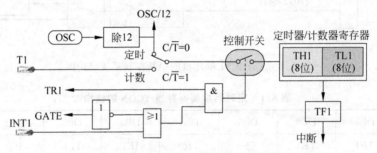

图 8.2　定时器 T1 方式 1 的结构图

若要执行定时功能,则 C/T 位设置为 0,将对系统频率的 12 分频进行计数;若要执行计数功能,则 C/T 位设置为 1,将对 T1 引脚输入的脉冲进行计数。

开启定时器开关有以下两种方法:

(1) 外部启动。将 GATE 位设置为 1,再将 TR1 位设置为 1,等待 INT1 引脚为高电平时,启动定时器。

(2) 内部启动。将 GATE 位设置为 0,只要将 TR1 位设置为 1,就启动定时器。

定时器采用加 1 计数方式,当 16 位计数值达到溢出条件时,TF1 将被置 1,从而触发定时中断。定时器中断初始化步骤如下。

(1) 利用 T1 作为定时器,定时时间为 1s;利用 T0 作为计数器,计数值从 0 开始。T0 和 T1 均选择工作方式 1,不使用门控位,故 TMOD 的控制字为 0X15。

(2) 开启总中断和 T1 中断,即将 IE 中的 EA 和 ET0 置 1,则 IE 的控制字为 0X88。

(3) 启动定时器 T0 和 T1,即 TR0=1,TR1=1。

打开 Proteus,添加单片机 AT89C51 和 BCD 码数码管。单击左侧快捷工具 Generator

Mode 图标,选择 Dclock 工具,将其连接到 P3.4 引脚。双击 Dclock 图标,弹出如图 8.3 所示的对话框,在频率一栏输入 1000,代表 1000Hz 方波信号。

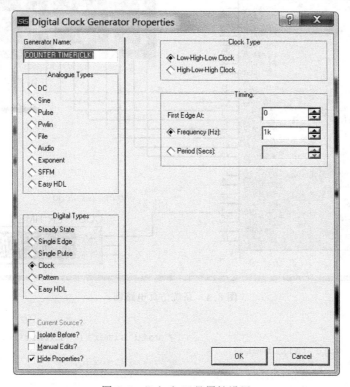

图 8.3　Dclock 工具属性设置

单击左侧快捷工具 Virtual instruments mode 图标,选择 Counter Timer 工具,将其连接到 P3.4。将 BCD 码数码管连接到 P1 口和 P2 口。为了连线美观,将 P1 口采用总线方式与 BCD 码数码管相连,电路如图 8.4 所示。

闸门法的设计思想为:利用定时器产生 1s 定时,而另一路计数器对外部信号进行计数,则 1s 内计数的个数即为信号的频率。在 Keil 环境,编写定时器初始化、定时中断以及主函数。定时初始化函数如图 8.5 所示。

第 11~12 行代码用于定时 T1 赋初值。由于定时 1s 时,采用的定时初值为-50000,此处直接将该值拆分为十六进制数 0x3CB0,然后将高 8 位计数值 0x3C 存放在 TH1,将低 8 位计数值 0xB0 存放在 TL1。

T1 的中断服务函数如图 8.6 所示。先重新设置 T1 的计数初值,再将 cnt 变量加 1,累计次数为 20 次时,则达到 1s,然后定时器 T0 和 T1 停止工作,即第 44~45 行代码,再产生定时完毕标志 flag。

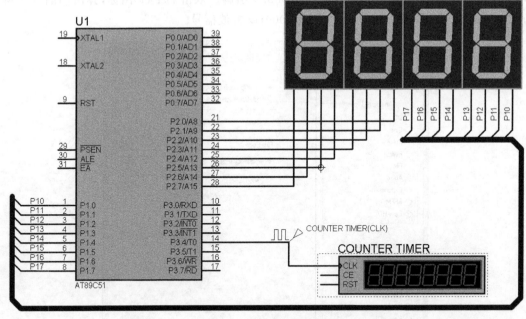

图 8.4 系统仿真电路图

```
06  void InitTimer()
07  {
08      TMOD=0x15;
09      TH0=0;
10      TL0=0;
11      TH1=0x3c;
12      TL1=0xb0;
13      IE=0x88;
14      TR0=1;
15      TR1=1;
16  }
```

图 8.5 定时器初始化代码

```
37  void timer1() interrupt 3
38  {
39      TH1=0x3c;
40      TL1=0xb0;
41
42      if(++cnt==20)
43      {
44          TR0=0;
45          TR1=0;
46          flag=1;
47      }
48  }
```

图 8.6 中断服务函数代码

主函数如图 8.7 所示。第 20 行代码声明无符号长整型变量 t,用于保存频率值。第 22～23 行代码将 P1 和 P2 口清零,使数码管显示初值 0。第 24 行代码调用定时器中断初始化函数。该函数调用后,系统会立即启动定时 1s,在此期间定时器 T0 用于记录 P3.4 引脚引入信号的脉冲个数。当 1s 定时结束后 flag 为 1,第 28 行代码的条件成立,此时 TH0 和 TL0 所保存的就是频率值。第 30 行代码统计 TH0 和 TL0 的计数值。第 31 行代码将 t 的千位数字左移 4 次,放到 P2 口的高 4 位,将百位数字放到 P2 口的低 4 位。第 32 行代码将 t 的十位数字左移 4 次,放到 P1 口的高 4 位,将 t 的个位放到 P1 口的低 4 位。Proteus 进行仿真的结果如图 8.8 所示。

```
18  void main()
19  {
20      unsigned long t;
21
22      P2=0;
23      P1=0;
24      InitTimer();
25
26      while(1)
27      {
28          if(flag)
29          {
30              t=(long)(TH0*256+TL0);
31              P2=((t/1000)<<4)+(t%1000/100);
32              P1=((t%100/10)<<4)+t%10;
33          }
34      }
35  }
```

图 8.7 主函数代码

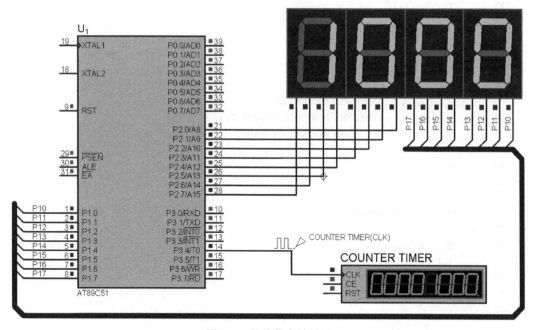

图 8.8 最终仿真效果图

参考代码如下:

```
1   # include "reg51.h"
2   unsigned char cnt = 0;
3   bit flag = 0;
4
5   void InitTimer()
```

```
 6      {
 7          TMOD = 0x15;
 8          TH0 = 0;
 9          TL0 = 0;
10          TH1 = 0x3c;
11          TL1 = 0xb0;
12          IE = 0x88;
13          TR0 = 1;
14          TR1 = 1;
15      }
16
17      void main()
18      {
19          unsigned long t;
20
21          P2 = 0;
22          P1 = 0;
23          InitTimer();
24
25          while(1)
26          {
27              if(flag)
28              {
29                  t = (long)(TH0 * 256 + TL0);
30                  P2 = ((t/1000) << 4) + (t % 1000/100);
31                  P1 = ((t % 100/10) << 4) + t % 10;
32              }
33          }
34      }
35
36      void timer1() interrupt 3
37      {
38          TH1 = 0x3c;
39          TL1 = 0xb0;
40
41          if(++cnt == 20)
42          {
43              TR0 = 0;
44              TR1 = 0;
45              flag = 1;
46          }
47      }
```

8.3.2 等精度频率计

在闸门法中,当频率计正常工作时,启动一路定时器用于实现 1s 定时,而待测信号作为另一路计数器的输入信号,当闸门信号为上升沿时,计数器开始工作,则 1s 内计数器的计数值即为被测信号的频率。该方法虽然简单,但是也存在一定的缺陷,即随着待测信号频率的升高,会出现±1 的误差。这主要是因为定时 1s 的信号与待测信号无法边沿对齐,导致定时 1s 结束后,容易漏掉或者多记录一个脉冲。现在介绍等精度法的实现过程。

在图 8.7 的基础上,将待测信号连接一个非门后再与 P3.2 相连。程序设计步骤如下。

（1）等待外中断 0 引脚第一次出现下降沿,然后开启定时/计数,并关闭外中断 0。

（2）当定时时间到 1s 后,开启外中断 0,在外中断 0 中关闭两路定时器。

（3）计算频率值。

$$频率值 = 计数值/定时时间$$

代码实现如下:

```
1      #include "reg51.h"
2
3      unsigned long n0,n1,f;
4      float t;
5      char cnt0 = 0,cnt1 = 0,a,b,c,d,flag = 0,over = 0;
6
7      void InitTimer()
8      {
9          TMOD = 0x15;                //timer1 定时方式 1,timer0 计数方式 1
10         IT0 = 1;                    //外中断 0 下降沿触发
11         IE = 0x81;                  //外中断 0
12     }
13
14     void Ext0Ser() interrupt 0
15     {
16         if(!flag)                   //第一次进外中断
17         {
18           IE = 0x8A;                //关闭外中断 0
19           TH0 = 0;
20           TL0 = 0;
21           TH1 = 0;
22           TL1 = 0;
23           cnt0 = 0;
24           cnt1 = 0;
25           TR0 = 1;
26           TR1 = 1;
27           flag = 1;
28         }
29         else
30         {
31           IE = 0;
32           TR0 = 0;
33           TR1 = 0;
```

```
34          over = 1;
35        }
36    }
37
38    void T0Ser() interrupt 1
39    {
40        cnt0++;
41    }
42
43    void T1Ser() interrupt 3
44    {
45        cnt1++;
46
47        if(cnt1 == 20)
48          EX0 = 1;
49    }
50
51    void main()
52    {
53        InitTimer();
54
55        while(1)
56        {
57          if(over)
58          {
59            n0 = (long)(cnt0 * 65536 + TH0 * 256 + TL0);    //所有脉冲个数
60            n1 = (long)(cnt1 * 65536 + TH1 * 256 + TL1);    //总的检测时长
61            t = (float)n0 * 1000000/n1;                     //计算频率
62            f = t + 0.5;                                    //四舍五入
63            a = f/1000;                                     //千位数字
64            b = f % 1000/100;                               //百位数字
65            c = f % 100/10;                                 //十位数字
66            d = f % 10;                                     //个位数字
67            P2 = (a << 4) + b;    //将千位和百位数送到 P2 口的 BCD 码数码管
68            P1 = (c << 4) + d;    //将十位和个位数送到 P2 口的 BCD 码数码管
69          }
70        }
71    }
```

第 9 行代码用于设置定时器 T0 工作在计数模式,定时器 T1 工作在定时模式。第 10 行代码设置外中断 0 为下降沿触发模式。第 11 行代码用于开启外中断 0。第 14~36 行代码用于实现外中断服务功能。flag 为 0 说明是第一次进入外中断,此时关闭外中断,同时打开两路定时器,做开始频率检测的准备;将 flag 设置为 1,等待下次外中断的到来。

一旦定时器启动,第 38~41 行代码就用于实现定时器 T0 计数。由于在外中断中 TH0 和 TL0 的初值已经设置为 0,因此,当计数值溢出即达到 65536 时,cnt0 增 1。第 43~49 行代码用于实现约 1s 的定时。由于在外中断中 TH1 和 TL1 的初值已经设置为 0,因此,当计数值溢出即达到 65536 时,cnt1 增 1。当 cnt1 为 20 时,时间已经超过 1s,此时利用 EX0=1来再次开启外中断 0。第 29～35 行代码用于检测待测信号的最后一个下降沿的到来时刻,此时关闭所有中断和定时器,产生 over 标志。第 57～71 行代码用于对频率值进行计算。若检测到 over 为 1,则说明检测完成,此时第 59 行代码用于计算该时间内的脉冲个数,第60 行代码用于计算从定时器启动到停止所经历的总时间。注意,为了保证精度,结果将强制类型转换为 long 类型。第 61 行代码用于计算频率值,注意此处变量 t 是单精度类型。第 62 行代码用于四舍五入运算,其中变量 f 为 long 类型。第 63～66 行代码用于将频率值f 的所有十进制的所有位拆分到 a～d 变量中。第 67 行代码用于将千位和百位数送到 P2口的 BCD 码数码管。第 68 行代码用于将十位和个位数送到 P1 口的 BCD 码数码管。经测试,该方法可以保证频率检测精度为 1Hz～15kHz。

8.4 项目总结

本项目重点讨论了外中断的用法、定时功能和计数功能的综合应用,实现了频率计的设计。在此项目的基础上,可以进一步完成更高频率信号的频率计设计,以及利用静态显示或者液晶完成等精度频率计的设计。

8.5 习题

1. 使用定时器 T0 时,有(　　)种工作模式。
   A. 1　　　　　　　　B. 2　　　　　　　　C. 3　　　　　　　　D. 4
2. MCS-51 的中断源全部编程为同级时,优先级最低的是(　　)。
   A. INT1　　　　　　B. TI　　　　　　　C. 串行口　　　　　D. INT0
3. MCS-51 单片机的定时器 T1 的中断请求标志是(　　)。
   A. ET1　　　　　　 B. TF1　　　　　　 C. IT1　　　　　　 D. IE1
4. MCS-51 单片机有两级中断优先级。(　　)
   A. 对　　　　　　　B. 错
5. MCS-51 单片机的优先级控制器为(　　)。
   A. IE　　　　　　　B. IP　　　　　　　C. TCON　　　　　D. SCON
6. 定时器 T1 的计数值保存在(　　)。
   A. TH1　　　　　　 B. TL1　　　　　　 C. TH0　　　　　　 D. TL0
7. TH1 用于保存数据的(　　)。
   A. 高 8 位　　　　　B. 低 8 位

8. 16 位定时器的计数范围为（　　　）。

    A. 128   B. 256   C. 32768   D. 65536

9. 设置定时器工作在计数方式，将 C/T 设置为 1。（　　　）

    A. 对   B. 错

10. 开启定时器 1 的外部启动方式，需设置（　　　）。

    A. GATE=0   B. GAGE=1   C. TR1=0   D. TR1=1

项目九 基于蓝牙的双机通信系统设计

串行口是单片机内部十分重要的资源,利用串行口可以实现与多种外围设备的通信功能。本项目将重点学习串行口的工作原理和使用方法,同时介绍蓝牙模块和温度传感器的用法,并基于蓝牙模块实现单片机与手机的无线通信功能。

9.1　项目目标

学习目标:学习单片机串行通信的工作原理和使用方法,掌握蓝牙模块和温度传感器模块的使用方法。

学习任务:检测环境温度信息,并将其传送到手机。

实施条件:该系统由单片机、蓝牙模块、温度传感器三部分组成。

9.2　准备工作

为了便于驱动外围设备,单片机中配备了通用异步传输模块(Universal Asynchronous Receiver-Transmitter,UART),也称为通用异步串行口。利用串行口可实现单片机和 PC、GPS、GPRS、陀螺仪等设备的通信。

UART 通信帧格式如图 9.1 所示。UART 通信的特点是数据在线路上以字节为单位传输信息,又称为一帧信息,每帧数据以低电平作为起始位,然后传输 5~8 位数据位,低位在前,高位在后,数据位后可带一位奇偶校验位,再以高电平作为停止位,其中停止位可以是1 位、1 位半或 2 位,最后以高电平作为空闲信号。串行通信的每帧只传送 1 字节,因而一次传送的位数比较少,对发送时钟和接收时钟的要求相对不高,但传送速度较慢。

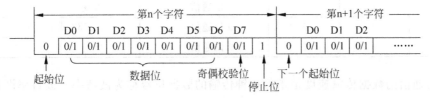

图 9.1　串行通信帧格式

　　AT89C51 单片机的串行口的基本结构如图 9.2 所示。它由发送电路、接收电路以及控制电路组成。串行口可以工作在全双工模式下,即数据发送与接收可以同步进行。串行口通过引脚 RXD(P3.0,串行口数据接收端)和引脚 TXD(P3.1,串行数据发送端)与外部设备进行串行通信。

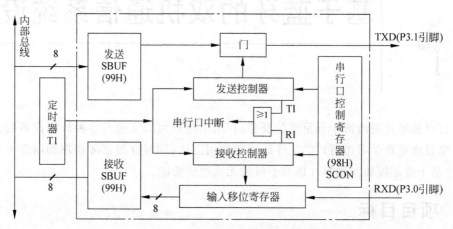

图 9.2　AT89C51 串行口的基本结构

　　图 9.2 中共有两个同名的串行口缓冲寄存器,一个是发送寄存器 SBUF,另一个是接收寄存器 SBUF,以便单片机能以全双工方式进行通信。串行发送时,从片内总线向发送 SBUF 写入数据;接收时,片内总线从接收 SBUF 读数据。当发送或接收完毕时,系统自动产生中断信号 TI 或 RI。定时器 1 可以用于产生可调的波特率,即在特定时钟的触发下,串行数据完成逐位传输过程。

　　AT89C51 单片机的串行口具有 4 种工作方式,如表 9.1 所示。方式 0 也称移位寄存器方式,其波特率为系统时钟脉冲的 1/12,以晶振频率 $f_{osc} = 12\text{MHz}$ 为例,其波特率为 1Mb/s,可以用于驱动移位寄存器芯片。方式 1 为 8 位通信方式,主要用于双机通信,其波特率可变,适合不同速率的外围设备的传输需求。方式 2 和方式 3 为多机通信方式,方式 2 提供两种不同波特率的选择,即晶振频率的 1/32 或 1/64,而方式 3 的波特率可变。

表 9.1　串行口通信方式

SM0	SM1	方式	功能	波特率
0	0	0	移位寄存器	$f_{osc}/12$
0	1	1	8 位通信	可变
1	0	2	9 位通信	$f_{osc}/32$ 或 $f_{osc}/64$
1	1	3	9 位通信	可变

　　串行通信的数据传输速度是指每秒钟传输的数据位数称为波特率。波特率设置示意图如图 9.3 所示。在模式 0 和模式 2 下,串口波特率固定,模式 0 为 $f_{osc}/12$,模式 2 为 $f_{osc}/32$

或 $f_{osc}/64$,具体由 PCON 寄存器的 SMOD 位决定,其中 f_{osc} 为晶振频率。在模式 1 和模式 3 下,波特率是一个可变值,波特率可以由定时器 1 产生。在定时器 T1 溢出时产生的时钟信号,经过 SMOD 开关确定是否进行 2 分频,再经过 16 分频后传送到发送控制器和接收控制器。因此,波特率 $= 2^{SMOD} \times$ T1 的溢出率$/32$。

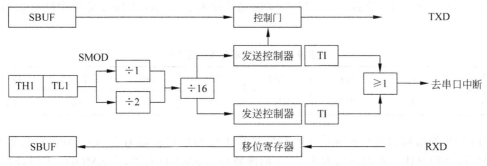

图 9.3 串行口波特率设置示意图

定时器 T1 作为默认的波特率产生器,通常将其配置为工作方式 2,即 8 位自动重装模式,同时要禁止 T1 中断。计算定时初值的公式如下:

$$TH1 = \frac{256 - 2^{SMOD} \times f_{osc}}{32 \times 12 \times 波特率} \tag{9-1}$$

在不同晶振频率下,常用的波特率对应的定时初值如表 9.2 和表 9.3 所示。

表 9.2 12MHz 晶振下不同波特率对应的定时器初值

波特率	SMOD=0,无倍速	误差	SMOD=1,倍速	误差
1200	229.96	3.83	203.92	1.79
2400	242.98	8.15	229.96	3.83
4800	249.49	8.88	242.98	8.15
9600	252.74	33.03	249.49	8.88
19200	254.37	59.34	252.74	33.03

表 9.3 11.0592MHz 晶振下不同波特率对应的定时器初值

波特率	SMOD=0,无倍速	误差	SMOD=1,倍速	误差
1200	232.00	0.00	208.00	0.00
2400	244.00	0.00	232.00	0.00
4800	250.00	0.00	244.00	0.00
9600	253.00	0.00	250.00	0.00
19200	254.50	100.00	253.00	0.00

与串口通信相关的寄存器主要有串行口控制寄存器 SCON、电源控制寄存器 PCON、定时器工作方式寄存器 TMOD、定时器控制寄存器 TCON、中断允许寄存器 IE、中断优先级

寄存器 IP 等。

SCON 的结构如表 9.4 所示。其中,SM0 和 SM1 是工作方式选择位,例如串行口工作在方式 1,则可设置 SM0＝0,SM1＝1。SM2 为多机通信控制位,主要用于方式 2 和方式 3,默认为 0。REN 为允许接收位,REN＝1 时,允许串口接收;REN＝0 时,禁止接收。TB8 和 RB8 用于多机通信,默认为 0。TI 为发送完毕中断标志,RI 为接收完毕中断标志,默认为 0。

表 9.4　SCON 寄存器的结构

Bit7	Bit6	Bit5	Bit4	Bit3	Bitt2	Bit1	Bit0
SM0	SM1	SM2	REN	TB8	RB8	TI	RI

PCON 的结构如表 9.5 所示。PCON 只有 1 位与串口控制有关,即 SMOD,主要用于控制波特率的倍速。在串行口方式 1～3 的波特率与 SMOD 有关,当 SMOD＝1 时,波特率提高一倍。SCON 位于 PCON 的最高位,若将 SMOD 赋值为 1,则 PCON 赋值为 0x80,否则赋值为 0。

表 9.5　寄存器 PCON 的结构

Bit7	Bit6	Bit5	Bit4	Bit3	Bit2	Bit1	Bit0
SMOD	—	—	—	—	—	—	—

串行通信通常用于 3 种情况:利用方式 0 扩展 I/O 端口,实现移位寄存器的控制;利用方式 1 实现点对点的双机通信;利用方式 2 或方式 3 实现多机通信。串行口工作方式 0 发送数据示意图如图 9.4 所示,此时,TXD 作为时钟端口,以 f_{osc} 的 12 分频产生方波信号,而 RXD 则作为数据端使用。在 TXD 的作用下,数据将逐位地从 RXD 发送或接收。

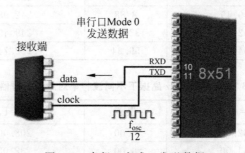

图 9.4　串行口方式 0 发送数据

在数码管静态显示中,驱动 74HC595 芯片时,利用循环结构逐位地将 8 位数据由低位到高位传输。其实,该过程可以利用串行的工作方式 0 实现。首先,设置 TI＝0,用于清除发送完毕中断标志,然后将待发送的数据赋值给 SBUF。由于串行口数据传输缓慢,因此,需判断 TI 的状态,以确保数据发送完毕后,才可以再次传输新的数值到 SBUF。因此,采用

while(!TI)来实现对 TI 的判断,只要未发送完毕(即 TI 为 0)则继续循环,一旦数据发送完毕,则 TI 将被硬件置 1,从而循环条件不满足,则循环结束,此时可以再次向 SBUF 发送新数据了。图 9.5 对比了两种方法。利用 3 行代码就可以轻松实现 74HC595 的驱动,可以有效地减少代码量和提高程序的可读性。

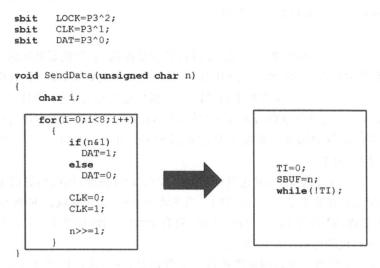

图 9.5　利用串行口方式 0 驱动 74HC595

　　串行口是单片机硬件中非常有限的资源,在 AT89C51 单片机中只有 1 路串行口,89C52 单片机中有两路串行口,而在 STC 公司的新款单片机中已经多达 4 个串行口,并且通过引脚映射,还可以模拟出更多的串行口。总之,到底是选择普通 I/O 端口还是串行口来驱动 74HC595,需要根据实际情况而定。本例只是为了说明串行口方式 0 输出方式的工作过程。

　　串行口工作方式 1 通信如图 9.6 所示。发送数据时,数据从 TXD(P3.1)端输出,当 TI=0 时,从数据写入发送缓冲器 SBUF 时,就启动了串行口数据的发送过程,自此串行口自动将起始位清零,然后发送数据位、奇偶校验位和停止位。所有串行数据依次从 TXD 端发出,一帧数据发送完毕,使 TXD 端的输出线维持在 1 状态下,并将 SCON 寄存器中的 TI 置 1,以便查询数据是否发送完毕或作为发送中断请求信号。发送完毕标志 TI 必须由软件清零。

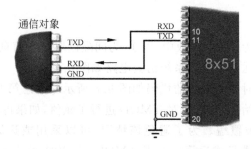

图 9.6　串行口方式 1 通信

对串行口进行设置的基本步骤如下。

(1) 设置定时器 T1 工作在方式。

(2) 计算定时器的初值(基于波特率)。

(3) 设置 SCON 寄存器(确定是否倍速)。

(4) 中断设置(是否开启串行口中断)。

(5) 启动定时器。

方式 2 和方式 3 发送的数据为 9 位,在启动发送数据前,必须把要发送的第 9 位数据装入 SCON 寄存器中的 TB8 中,然后向 SBUF 中写入待发送的数据,即一帧数据的前 8 位数据来自发送数据寄存器,第 9 位数据来自 TB8。一帧信息发送完毕后,硬件自动置 TI 为 1。

方式 2 和方式 3 的接收过程与方式 1 类似,当 REN 位为 1 时即开启串行口数据接收功能,所不同的是待接收的第 9 位数据需要存放到 SCON 中的 RB8 中。一帧信息接收完毕后,硬件自动置 RI 为 1。

因此,在方式 2 或方式 3 下,发送数据的第 9 位由 TB8 决定,接收信息的第 9 位保存在 RB8 中,而接收是否有效要受 SM2 位影响。当 SM2＝0 时,无论接收的 RB8 位是 0 还是 1,接收的数据都有效,RI 都置 1;当 SM2＝1 时,只有接收的 RB8 位等于 1 时,接收才有效,RI 才置 1。利用该特性便可以实现多机通信。

多机通信时,主机每一次都向从机传送 2 字节信息,先传送从机的地址信息,再传送数据信息,其中 TB8 位设为 1 代表发送的是地址信息,否则代表发送的是数据信息。多机通信过程描述如下。

(1) 所有从机的 SM2 位开始均置 1,即处于接收主机地址模式。

(2) 主机发送一帧地址信息,包含 8 位的从机地址,TB8 置 1,表示发送的是地址帧。

(3) 由于所有从机的 SM2 位均为 1,从机均能接收主机发送来的地址信息,从机接收到主机送来的地址后与本机的地址相比较,如果接收的地址与本机的地址相同,则使 SM2 位为 0,准备接收主机送来的数据;如果不同,则不作处理。

(4) 主机发送数据时 TB8 置为 0,表示为数据帧。

(5) 对于从机,由于主机发送的第 9 位 TB8 为 0,那么只有 SM2 位为 0 的从机可以接收主机送来的数据。

9.3 系统实现

该系统的控制流程为:在主函数中,以 1s 为间隔读取温度信息,然后通过串口送出,再经过蓝牙模块将数据发送给手机。系统仿真电路如图 9.7 所示。

定时器初始化和定时中断函数的代码如图 9.8 所示。注意第 96 和 97 行代码的写法。由于在对串行口进行初始化时,已经对 TMOD 进行了赋值,如果再对 T0 进行始化,可能会导致之前的 TMOD 值被覆盖。为了避免该情况,可以采用或运算(|)方式,即每次在对 TMOD 进行更新时,均进行或运算。如当 TMOD 与 0X01 做或运算时,只影响到 TMOD

的最低位的状态,即只会影响到 T0 的工作方式,而当 TMOD 与 0X20 做或运算时,只会影响到高 4 位,即影响定时器 T1 的工作方式。同理,中断控制器 IE 也存在相似的情况。每次对 IE 进行赋值时,都要在 IE 后面加上或运算符,以保证不影响 IE 以前的值。

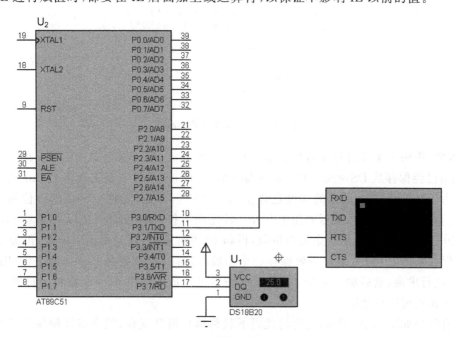

图 9.7 系统仿真电路图

```
092  void init_t0()
093  {
094      TH0=-50000>>8;
095      TL0=-50000;
096      TMOD|=0x01;
097      IE|=0x82;
098  }
099
100  void t0() interrupt 1
101  {
102      TH0=-50000>>8;
103      TL0=-50000;
104      if(++cnt>19)
105      {
106          cnt=0;
107          sec=1;
108      }
109  }
```

图 9.8 定时初始化与定时中断函数

编写显示功能函数 display,代码如图 9.9 所示。

设要显示的温度值包括两位整数和一位小数,且所有的信息都要以字符形式发送到串

```
130  void display()
131  {
132      unsigned char t[5]={0};
133
134      t[0]=tvalue/100+'0';
135      t[1]=tvalue%100/10+'0';
136      t[2]='.';
137      t[3]=tvalue%10+'0';
138
139      puts(t);
140      crlf();
141  }
```

图 9.9　串行口数值显示函数

行口,因此,声明一个无符号字符型数组 t,包括 5 个元素,用于保存温度信息。由于全局变量 tvalue 已经保存从 DS18B20 中读取的温度值,因此,该函数主要实现将 tvalue 进行拆分功能。由于从 DS18B20 读来的温度已经扩大了 10 倍,因此,先将 tvalue 的百位数字取出来,通过和 100 进行取整,然后要加上字符 0 转化成字符,保存到 t[0]中;然后将 tvalue 的值和 100 进行求余后,得出剩余的两位数,再和 10 进行取整,就会得出十位数,再加上 0,得出数值保存到 t[1]中;t[2]位置要保存一个小数点,而 t[3]位置是 tvalue 的个位,因此,直接和 10 进行求余,然后加上字符 0 转换成字符即可。最后调用 puts 函数将字符串 t 输出,再调用 crlf 实现回车功能。

　　仿真结果如图 9.10 所示,也可将代码下载到单片机开发板,配合蓝牙模块完成数据发送,再利用手机蓝牙串口助手接收环境的温度信息。注意,上电后,第一次读取的 DS18B20 的温度值是无效的,需舍弃。

图 9.10　串行口监视温度信息

9.3.1　蓝牙模块

　　蓝牙是一种支持设备短距离通信(一般在 10m 以内)的无线通信技术,可用于移动电话、PDA、无线耳机、笔记本电脑、相关外设等众多设备之间进行无线信息交换。蓝牙工作在 2.4 GHz ISM(即工业、科学、医学)频段,使用 IEEE 802.11 协议。蓝牙模块是指集成蓝牙功能的芯片基本电路的集合,用于无线网络通信的蓝牙模块常分为三种类型:数据传输模块、蓝牙音频模块、蓝牙音频+数据二合一模块等。

本项目采用工程上常用的 HC-05 双向蓝牙模块为例进行该项目设计。模块实物图如图 9.11 所示。该模块遵循蓝牙 v2.0 协议标准；由于板载 3.3V 稳压模块，因此，输入电压3.6~6V 均可；波特率可调。该模块简化了蓝牙通信的实现过程，用户只需采用串行口与该模块相连，就可以实现蓝牙通信，而无须考虑蓝牙模块内部的通信协议。

该模块在使用前需利用图形化界面进行配置，具体步骤如下。

（1）将蓝牙模块和 USB 转 TTL 模块相连，按住模块上的复位键，再接通电源，发现指示灯慢闪，则进入 AT 指令模式。

（2）设置串行口波特率。本例选择 4800b/s，无校验位，无停止位。在工程中可以根据具体情况自行设置波特率。

（3）修改蓝牙名称和密码。

图 9.11　蓝牙模块实物图

可通过安装蓝牙串口助手 App 来验证模块是否配置成功。类似的软件有很多款，如图 9.12 所示的 4 款应用软件。在 PC 端利用 HC-05 蓝牙模块自带的图形化界面与手机端的应用软件进行数据收发实验。

蓝牙信息助手　　蓝牙小助手　　维创蓝牙串口　　蓝牙串口

图 9.12　常见的蓝牙调试助手

9.3.2　温度传感器 DS18B20

温度传感器 DS18B20 实物图如图 9.13 所示。该模块体积小，价格低，是工程上常用的数字温度传感器，其测温范围为 $-55\text{℃}\sim+125\text{℃}$，工作电压为 3.0~5.5V，测量结果以 9~12 位数字量方式串行传送，可以采用总线方式同时连接多个模块。在 $-10\text{℃}\sim+85\text{℃}$ 时的检测精度为 $\pm0.5\text{℃}$。温度分辨率为 9~12 位可调。当采用 12 位进行温度采集时，转化时间为 750ms。

DS18B20 的不同封装形式如图 9.14 所示，不同封装下的引脚编号如表 9.6 所示。该芯片有 3 个引脚，且只利用一根数据线完成温度信息的传输。因为每个 DS18B20 都包含一个唯一的硅序列号，所以多个 DS18B20 可并联到同一条总线上，从而实现温度的多点检测。例如利用多个 DS18B20 模块实现空调环境控制、建筑物内的温度感应、设备或机械过程监控等。

图 9.13　温度传感器 DS18B20
实物图

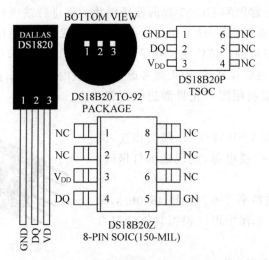

图 9.14　温度传感器 DS18B20 封装

表 9.6　不同封装下的引脚编号

引脚名	TO92	SOIC	TSOC	功能描述
GND	1	5	1	接地
DQ	2	4	2	数据输入输出端口,采用 1 线制操作,开路方式
VDD	3	3	3	接电源正极,但在寄生电源模式下,该引脚需接地

DS18B20 通过 DALLAS 公司独有的单总签协议实现与微控制器通信。当 DS18B20 模块经三态端口 DQ 与总线连接时,需保证 DQ 连接一个 $4.7 \text{k}\Omega$ 的弱上拉电阻。在该总线系统中,单片机依靠每个器件独有的 64 位片序列号来辨认总线上的器件和记录总线上每个器件传递的温度信息。由于每个装置有一个独特的片内序列总线,所以理论上一个总线上可以连接多个 DS18B20。

DS18B20 可采用外接电源到 VDD 引脚供电,也可以在没有外接电源供电的情况下工作,其工作原理如图 9.15 所示。当总线处于高电平状态,DQ 与上拉电阻连接,通过单总线对器件供电,同时处于高电平状态的总线信号会对内部电容充电;在总线处于低电平状态时,该电容提供能量给器件,这种提供能量的形式称为"寄生电源"。

DS18B20 是一款数字式温度传感器,无须任何其他驱动模块就可以和单片机通信。DS18B20 的精度为用户可编程的 9~12 位,分别以 $0.5 ℃$、$0.25 ℃$、$0.125 ℃$ 和 $0.0625 ℃$ 增量递增。在上电状态下默认的精度为 12 位。DS18B20 启动后保持低功耗等待状态,当执行温度测量时,总线控制器必须发出 44H 命令,之后产生的温度数据以 2 字节的形式被存储在 DS18B20 内部,DS18B20 继续保持等待状态。当 DS18B20 有外部电源供电时,总线控制器在温度转换指令发起读时序后、DS18B20 正在进行温度转换时返回 0,否则返回 1。如果 DS18B20 由寄生电源供电,则除非在进入温度转换时总线被一个强上拉电阻拉高电位,否则将不会有返回值。

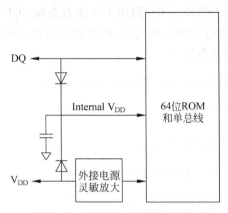

图 9.15　DS18B20 的供电方式

　　由于 DS18B20 采用单总线协议,因此,在编程时要严格按照时序进行。一般在购买该模块时,可以直接向卖家索要与对应控制器匹配的例程,从而减轻编程的压力。采用参考例程时需注意,当采用不同的晶振或者采用不同型号的单片机时,必须对应地修改延时参数,否则将无法实现正常通信。这里列出了与 DS18B20 相关的函数,包括 DS18B20 初始化函数、读数据函数、写数据函数以及对温度进行转换的函数等。

　　DS18B20 每一次在进行通信时都必须进行复位,然后才能完成温度采集工作,其复位时序如图 9.16 所示。

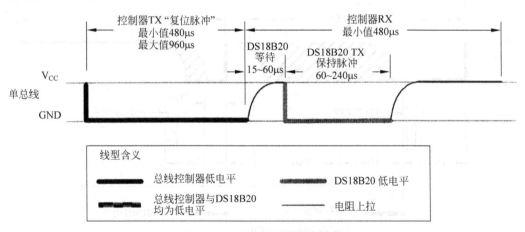

图 9.16　DS18B20 的复位时序

　　按照图 9.16 所示的时序复位时,单片机首先拉低总线 480~960μs,然后释放总线。在硬件上把 DS18B20 数据总线连接到 P3.7 引脚上,因此,在复位时,首先将 DQ 端输出低电平,然后进行延时。

　　延时具体代码如图 9.17 所示。在延时函数 delay_18B20 中,当晶振采用 12MHz 时,该延时语句每执行一次的时间大约是 9μs。按照复位时序,当 DQ 为高电平后,需保持 480~

$960\mu s$，因此，在复位函数 ds18B20rst 中，利用 100 作为参数，可以实现大约 $900\mu s$ 延时。然后根据时序，释放总线，使 DQ 端输出高电平，把控制权交给 DS18B20，为了可靠实现复位，还需进行延时，此时的延时参数取 40。

```c
017  void delay_18B20(unsigned int i)//延时1μs
018  {
019      while(i--);
020  }
021
022  void ds18B20rst()/*DS18B20复位*/
023  {
024      unsigned char x=0;
025
026      DQ = 1;             //DQ复位
027      delay_18B20(4);     //延时
028      DQ = 0;             //DQ拉低
029      delay_18B20(100);   //精确延时大于480μs
030      DQ = 1;             //拉高
031      delay_18B20(40);
032  }
```

图 9.17　延时和复位函数的代码

DS18B20 的读时序如图 9.18 所示。读之前，单片机要将总线拉低，然后在 $15\mu s$ 内释放总线，以保证 DS18B20 有时间将数据传输到单总线上，再去读总线上的状态。

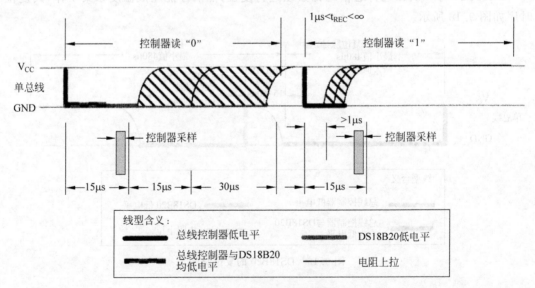

图 9.18　DS18B20 的读时序

读函数的参考代码如图 9.19 所示。首先定义循环变量 i，然后再定义变量 dat，用来保存接收到的数据，初值设为零。进行 8 次循环，来实现读取 1 字节。在循环的内部，先要将总线拉低保持 $15\mu s$ 以内，为了逐位接收数据，将数据右移一位，然后将数据总线拉高。由于移位会占用一定的 CPU 周期,因此,这里就不需再延时 $15\mu s$ 了。总线拉高后,判断一下 DQ 引脚所传输的数值,如果 DQ 引脚送出来的值是高电平,那么就把该高电平保存到 dat 变量的最高位,通过或运算将 0x80 与 dat 数据进行或运算,就可以实现将 dat 的最高位置 1。如果 DQ 传来的值是 0,则保持 dat 的数值不变,然后按照时序每完成读一次的操作至少需等待 $60\mu s$,而执行一次 delay_18B20 函数大约需要 $9\mu s$,因此,采用 10 作为参数,满足时序要求。

```
034  unsigned char ds18B20rd()/*读数据*/
035  {
036      unsigned char i=0;
037      unsigned char dat = 0;
038
039      for (i=8;i>0;i--)
040      {
041          DQ = 0; //给脉冲信号
042          dat>>=1;
043          DQ = 1; //给脉冲信号
044          if(DQ)
045          dat|=0x80;
046          delay_18B20(10);
047      }
048      return(dat);
049  }
```

图 9.19　DS18B20 的读函数代码

DS18B20 写时序如图 9.20 所示。在实现写操作时,分为写 0 和写 1 两种情况。写 0 时,单总线拉低至少 $60\mu s$,以保证 DS18B20 在 $15\sim45\mu s$ 内能正确地采样总线上的低电平;写 1 时,总线被拉低后在 $15\mu s$ 内释放总线。

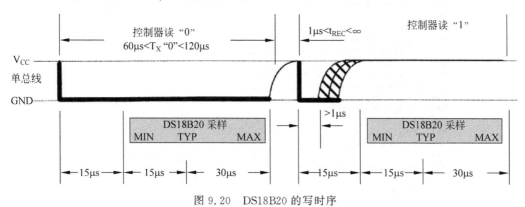

图 9.20　DS18B20 的写时序

写函数代码如图 9.21 所示。首先定义循环变量 i,然后循环 8 次。在循环中,首先将总线拉低,然后将要写出的数值送到 DQ 端,该数值需通过参数来实现,此处定义参数为 wdata,然后再判断 wdata 的最低位的状态,令 wdata 与 0x01 做与运算,获取 wdata 最低位的状态。当 DQ 获得新值后,需根据传 0 还是传 1 来确定延时时间。如果 DQ 是低电平,那么需延时大约 $60\mu s$,这里用 10 来作为参数调用 delay_18B20 实现延时;如果 DQ 是高电平,则需延时一个很短的时间,这里选择参数 1 调用 delay_18B20,以实现延时。在传完数值后,需释放总线,然后将 DQ 的值恢复为高电平。为下一步的数据传输做准备,将 wdata 右移一次,这样在进行 8 次循环后,就可以把 wdata 中的数逐位地向 DS18B20 传输。

```
051  void ds18B20wr(unsigned char wdata)/*写数据*/
052  {
053      unsigned char i=0;
054
055      for (i=8; i>0; i--)
056      { DQ = 0;
057        DQ = wdata&0x01;
058        delay_18B20(10);
059        DQ = 1;
060        wdata>>=1;
061      }
062  }
```

图 9.21 DS18B20 的写函数代码

温度采集函数的代码如图 9.22 所示。首先,将函数的返回值设置为无符号整形,用于返回当前温度值,函数的名字为 read_temp。根据 DS18B20 的时序,读温度分两步进行。

(1) 先调用 DS18B20 的复位函数,然后调用写函数,以 0xCC 为参数,用于跳过序列号,再次调用写函数,以 0x44 为参数,用于启动温度转换过程。

(2) 再次复位 DS18B20,然后调用写函数,以 0xCC 为参数,用于跳过序列号,再次调用写函数,以 0xBE 为参数,用于读取温度。

```
064  unsigned int read_temp()/*读取温度值并转换*/
065  {
066      unsigned char a,b;
067
068      ds18B20rst();
069      ds18B20wr(0xCC);//*跳过读序列号*/
070      ds18B20wr(0x44);//*启动温度转换*/
071      ds18B20rst();
072      ds18B20wr(0xCC);//*跳过读序列号*/
073      ds18B20wr(0xBE);//*读取温度*/
074      a=ds18B20rd();
075      b=ds18B20rd();
076      tvalue=b;
077      tvalue<<=8;
078      tvalue=tvalue|a;
079
080      if(tvalue<0x0FFF)
081          tflag=0;
082      else
083      {
084          tvalue=~tvalue+1;
085          tflag=1;
086      }
087      tvalue=tvalue*(0.625);//温度值扩大10倍, 精确到1位小数
088
089      return(tvalue);
090  }
```

图 9.22 DS18B20 的采集函数代码

经过以上两步后,通过 DS18B20 总线连续读取 2 字节,其中第一个字节代表温度的低位数据,第二个字节代表高位数据,再将 2 字节进行组合才能代表最终的温度值。具体过程如下:

定义两个变量 a 和 b 分别来保存这两个字节的温度信息。调用 DS18B20 的读函数 ds18B20_rd,将该函数的返回值赋值给 a,读取第二个字节赋值给 b,然后将 a 和 b 进行合并保存到变量 tvalue 中。将 tvalue 的初值设置为 b,然后对 tvalue 再进行左移 8 次,这样就相当于将 b 存放到 tvalue 的高 8 位上,然后 tvalue 的值再与 a 进行或运算或者加运算,这时 a 和 b 就完成了组合,组合完毕的 tvalue,再除以 16 或者乘以 0.0625,就代表实际的温度值了。

当然在实际应用中,如果要显示的温度带有小数部分,例如当前的环境温度是 23.5℃,那么就需把小数点后边的数据也显示出来,需再将结果扩大 10 倍,相当于 tvalue 再上乘以 0.625,然后调用 return 将 tvalue 的值作为函数值返回即可。

9.3.3　串行口驱动

打开 Proteus,先添加单片机 AT89C51,然后在 Proteus 左侧快捷工具栏单击 Virtual Instrument Mode 图标,再选中 OSCILLOSCOPE 工具,将虚拟终端模块加入到绘图区域,绘制系统原理图,如图 9.23 所示。

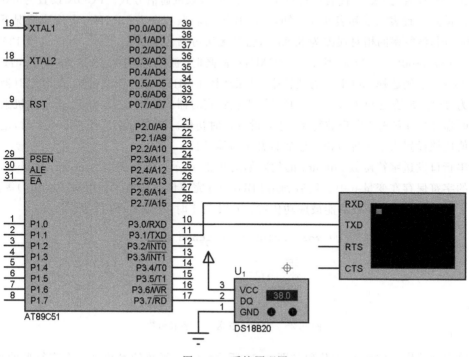

图 9.23　系统原理图

将 P3.0 与虚拟终端的 TXD 相连,P3.1 与虚拟终端的 RXD 相连。在 12MHz 晶振下,AT89C51 单片机在低于 4800b/s 下能可靠传输数据,因此双击虚拟终端模块,配置虚拟终端的波特率。该模块的波特率修改为 4800b/s。编写串行口初始化函数,如图 9.24 所示。

```
151  void init_com()
152  {
153
154  //12MHZ
155  //0xE6   0xF3   0xF3(smod=1)
156  //1200   2400   4800
157  // SM0 SM1 SM2 REN TB8 RB8  TI RI
158
159      SCON=0x50;
160      PCON=0x80;
161
162      TMOD|=0x20;
163      TH1=0xF3;
164      TR1=1;
165
166      TMOD|=0x01;
167      TR0=1;
168
169  }
170
```

图 9.24 串行口初始化函数

SCON 设置为 0x50,代表串行口工作在方式 1,双机通信方式。PCON 设置为 0x80,代表倍速模式。查表 9.2 和表 9.3 可知,当单片机的晶振频率为 12MHz,在倍速情况下采用 9600b/s 时,波特率的相对误差为 8.88%,已经无法可靠传输数据,因此,可以选择 1200b/s、2400b/s 或 4800b/s。当采用 11.0592MHz 晶振时,波特率可以达到 9600b/s,甚至是 19200b/s。本例选择 4800b/s 为波特率,晶振选择 12MHz,并且倍速模式,此时定时器的初值约为 243。初始完 SCON 和 PCON 后,先设置定时器的工作方式,由于 51 单片机默认采用定时器 T1 的方式 2 实现波特率,然后设置定时初值。当波特率选择 4800b/s 时,定时器的初值应该设置为 243 即 0xF3,然后打开定时器 T1。

串行口发送字符函数 putchar 的代码如图 9.25 所示。参数类型为 unsigned char,设带传输的字符保存在变量 n 中。然后利用 SBUF=n 完成传送数值。利用 while(!TI)等待 TI 变为 1 的状态,以保证数值能被成功传输,当 TI 为 1 时,手动将 TI 清零。

```
104  void putchar(unsigned char n)
105  {
106      SBUF=n;
107      while(!TI);
108      TI=0;
109  }
```

图 9.25 串行口发送一个字节函数

输出字符串函数 puts 的代码如图 9.26 所示。puts 函数的参数是一个字符型的指针,用来指向要显示的字符串的首地址,只要指针 p 所指向的字符不是字符串的结束标志即'\0',

就调用 putchar 函数,输出指针 p 所指向的字符,同时指针 p 自增,指向下一个字符。

```
111  void puts(unsigned char *p)
112  {
113      while(*p)
114          putchar(*p++);
115  }
```

图 9.26　串行口发送字符串函数

回车效果是通过输出两个 ASCII 码字符实现的,即 0x0D 和 0x0A。其中,0x0D 代表光标返回到本行的首位置,而 0x0A 为光标跳到下一行的当前列。回车函数 crlf 的代码如图 9.27 所示。在该函数内部调用 putchar 函数输出 0x0D 和 0x0A 字符。

```
117  void crlf()
118  {
119      putchar(0x0D);
120      putchar(0x0A);
121  }
```

图 9.27　串行口回车函数

9.4　项目代码

参考代码如下:

```
1    # include "reg51.h"
2
3    sbit DQ = P3^7;                          //DS18B20 与单片机连接口
4
5    unsigned char cnt;
6    bit sec;
7    unsigned int tvalue;                     //温度值
8    unsigned char tflag;                     //温度正负标志
9
10   void putchar(unsigned char n);
11   void disp_temp();                        //温度值显示
12   void ds18B20rst();                       //DS18B20 复位
13   unsigned char ds18B20rd();               //读数据
14   void ds18B20wr(unsigned char wdata);     //写数据
15   unsigned int read_temp();                //读取温度值并转换
16
17   void delay_18B20(unsigned int i)         //延时约 5μs
18   {
19       while(i-- );
20   }
21
```

```
22    void ds18B20rst()                    //DS18B20 复位
23    {
24        unsigned char x = 0;
25
26        DQ = 1;                          //DQ 复位
27        delay_18B20(4);                  //延时
28        DQ = 0;                          //DQ 拉低
29        delay_18B20(100);                //精确延时大于 480μs
30        DQ = 1;                          //拉高
31        delay_18B20(40);
32    }
33
34    unsigned char ds18B20rd()            //读数据
35    {
36        unsigned char i = 0;
37        unsigned char dat = 0;
38
39        for (i = 8; i > 0; i--)
40        {
41        DQ = 0;
42            dat >>= 1;
43            DQ = 1;
44            if(DQ)
45            dat |= 0x80;
46            delay_18B20(10);
47        }
48        return(dat);
49    }
50
51    void ds18B20wr(unsigned char wdata)  //写数据
52    {
53        unsigned char i = 0;
54
55        for (i = 8; i > 0; i--)
56        {
57          DQ = 0;
58          DQ = wdata&0x01;
59          delay_18B20(10);
60          DQ = 1;
61          wdata >>= 1;
62        }
63    }
64
65    unsigned int read_temp()             //读取温度值并转换
66    {
67      unsigned char a, b;
68
```

```
69      ds18B20rst();
70      ds18B20wr(0xCC);                    //跳过读序列号
71      ds18B20wr(0x44);                    //启动温度转换
72      ds18B20rst();
73      ds18B20wr(0xCC);                    //跳过读序列号
74      ds18B20wr(0xBE);                    //读取温度
75      a = ds18B20rd();
76      b = ds18B20rd();
77      tvalue = b;
78      tvalue << = 8;
79      tvalue = tvalue|a;
80
81      if(tvalue < 0x0FFF)
82          tflag = 0;
83      else
84       {
85          tvalue = ~tvalue + 1;
86          tflag = 1;
87       }
88      tvalue = tvalue * (0.625);          //温度值扩大10倍,精确到1位小数
89
90      return(tvalue);
91  }
92  void init_t0()
93  {
94      TH0 = - 50000 >> 8;
95      TL0 = - 50000;
96      TMOD| = 0x01;
97      IE| = 0x82;
98  }
99
100  void t0() interrupt 1
101  {
102      TH0 = - 50000 >> 8;
103      TL0 = - 50000;
104      if(++cnt > 19)
105      {
106          cnt = 0;
107          sec = 1;
108      }
109  }
110
111  void putchar(unsigned char n)
112  {
113      SBUF = n;
114      while(!TI);
115      TI = 0;
```

```
116     }
117
118     void puts(unsigned char * p)
119     {
120         while( * p)
121             putchar( * p++);
122     }
123
124     void crlf()
125     {
126         putchar(0x0D);
127         putchar(0x0A);
128     }
129
130     void display()
131     {
132         unsigned char t[5] = {0};
133
134         t[0] = tvalue/100 + '0';
135         t[1] = tvalue % 100/10 + '0';
136         t[2] = '.';
137         t[3] = tvalue % 10 + '0';
138
139         puts(t);
140         crlf();
141     }
142
143     void init_com()
144     {
145
146     //12MHZ
147     //0xE6 0xF3 0xF3(smod = 1)
148     //1200 2400 4800
149     // SM0 SM1 SM2 REN TB8 RB8 TI RI
150
151         SCON = 0x50;
152         PCON = 0x80;
153         TMOD| = 0x20;
154         TH1 = 0xF3;
155         TR1 = 1;
156         TMOD| = 0x01;
157         TR0 = 1;
158     }
159
160     void main()
161     {
162
```

```
163     init_t0();
164     init_com();
165     puts("Current Temperature is:");
166     crlf();
167
168     while(1)
169     {
170         if(sec)
171         {
172             sec = 0;
173             read_temp();            //读取温度
174             display();
175         }
176     }
177 }
```

9.5 项目总结

本项目分析了单片机串行通信模块的组成原理和使用方法。其工作方式 0 可以用于驱动移位寄存器模块,有效简化程序;工作方式 1 用于双机通信,可以实现大量结构复杂的外围设备的互联。介绍了蓝牙模块的基本用法及蓝牙模块的配置和调试过程,温度传感器 DS18B20 的用法,及一种实现单片机与手机模块进行通信的方案。

思考问题:

(1) 如何开启串行口中断?

(2) 如何利用手机端设置温度的上下限报警功能?

9.6 习题

1. 与串行通信相关的引脚有( )。

    A. P3.0   B. P3.1   C. P3.2   D. P3.3

2. 与串行口相关的定时器有( )。

    A. T0   B. T1

3. 串行口发送完毕中断标志是( )。

    A. TI   B. RI

4. 串行口接收完毕中断标志是( )。

    A. TI   B. RI

5. 串行口控制寄存器的名字为( )。

    A. TMOD   B. TCON   C. SCON   D. SMOD

6. 与串行通信相关的寄存器有( )。

A. SMOD   B. SBUF   C. SCON   D. TH0

7. 8051 单片机的串行口可以工作在(   )模式。

A. 单工   B. 半双工   C. 全双工

8. 串行数据的发送和接收可以同步进行。(   )

A. 对   B. 错

9. 引脚 P3.0 对应串行通信的(   )。

A. RXD   B. TXD   C. INT0   D. INT1

10. 引脚 P3.1 对应串行通信的(   )。

A. RXD   B. TXD   C. INT0   D. INT1

项目十

超声波身高检测系统设计

本项目将学习超声波模块和语音模块的用法,同时利用蓝牙模块完成数据的无线传输。学习利用定时器实现记录电平时长的方法,以及进一步巩固串行口通信。

10.1 项目目标

学习目标:掌握常用测距模块和语音模块的用法。

学习任务:利用超声波进行身高的测量,同时语音播报身高数值,并通过蓝牙模块将该值发送至手机。

实施条件:单片机、超声波模块、蓝牙模块、语言模块等。

10.2 准备工作

10.2.1 超声波模块

超声波测距模块是用来测量距离的一种常用设备,通过发送和接收超声波,利用时间差和声音传播速度计算出模块与前方障碍物的距离。一款常用 HC-SR04 型超声波模块实物如图 10.1 所示。

图 10.1　HC-SR04 超声波模块实物图

HC-SR04 超声波模块详细参数如表 10.1 所示。该模块的工作电压为 2.4～5.5V,检测精度为 0.3cm,通过跳帽可以自由选择采用串行口或者 TTL 工作模式,测距范围为 2～450cm,感应角度小于 15°。若选择串行口模式,则需配置波特率为 9600b/s,1 位起始位,1 位停止位,8 位数据位,无奇偶校验位。

表 10.1　HC-SR04 超声波模块参数

工作电压	DC 2.4～5.5 V
静态电流	2mA
工作温度	−20～+70℃
输出方式	电平或 UART(跳线帽选择)
感应角度	小于 15°
探测距离	2～450cm
探测精度	0.3cm+1%
UART 模式下串口配置	波特率 9600b/s,起始位 1 位,停止位 1 位,数据位 8 位,无奇偶校验。

在 TTL 工作模式下,则需严格按照如图 10.2 所示的时序来驱动超声波模块。在该模块的 4 个引脚中,Trig 为触发信号端,每次开始测距前需要驱动该引脚持续至少 $10\mu s$ 的高电平触发信号。此时,模块自动发送 8 个 40kHz 的方波,同时自动检测是否有回波。如果检测到了回波,模块则自动检测环境温度,以对检测距离进行校正,最后通过模块的 Echo 引脚输出高电平,此高电平持续的时间为超声波从发射到返回所经历的时间。此时测试距离为高电平持续时间乘以声速(340m/s)再除以 2。注意,此时模块已经根据环境温度进行了测距的校正,因此,无论环境温度为多少,声速都按照 340m/s 进行计算。

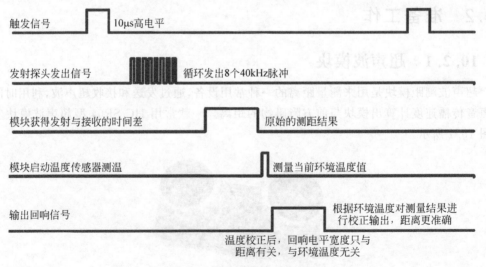

图 10.2　超声波模块工作时序

在串口模式下,Trig 端为 TXD,Echo 端为 RXD。当模块接收到 0x55 时,代表触发超声检测,同样系统会自动发送 8 个 40kHz 的超声波脉冲,然后检测回波,测量环境温度。最后,将校正好的距离直接通过串行口返回给单片机。在返回的 2 字节中,第一个字节是距离的高 8 位(HData),第二个字节是距离的低 8 位(LData),最后检测距离为 HData×256＋LData(mm)。当然,也可以利用该模块完成环境温度的检测。此时,发送 0x50,等待返回温度值,然后将温度值减去 45,则可以得到实际的环境温度信息。

10.2.2　文字转语音模块

本项目以思修基础级 TTS 语音模块为例说明文字转语音模块的用法,如图 10.3 所示。该模块采用串行口通信模式,自带功放电路,可以直接推动 3W 的扬声器。

思修基础级 TTS 语音模块结构如图 10.4 所示。该模块采用串行通信方式,接收到的信息首先经过文本解析器转换代码,然后利用 SPI 接口查找数据库,以获得每个文字对应的音频信息,再通过音频解码器将音频数据发送到功放电路,最后驱动喇叭发声。

图 10.3　思修基础级 TTS 语音模块

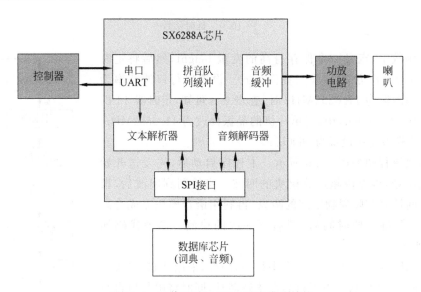

图 10.4　思修基础级 TTS 语音模块结构

思修基础级 TTS 语音模块的指令如表 10.2 所示。<G>命令代表输出语音,<M>代表播放默认的提示音,<H>代表睡眠模式,<V>代表调节音量,也可以通过十六进制形式 \x01～\x1e 播放定制的音频。例如,本例中若想播放当前的身高信息,则只通过串行口传输<G>命令即可。

表 10.2　思修基础级 TTS 语音模块指令表

命令	说明
＜G＞	语音输出
＜M＞	播放默认的提示音
＜H＞	睡眠模式
＜V＞	音量控制
\x01～\x1E	播放定制音频

10.3　项目实现

将 Trig 连接到 P2.2,Echo 连接到 P2.1。延时微秒函数,如图 10.5 所示。注意代码中的 nop 函数代表空操作,当采用 12MHz 晶振时,nop 函数的执行时间为 $1\mu s$。

```
008  void delayus(unsigned char n)
009  {
010      char i=n;
011      while(i--)
012          _nop_();
013  }
```

图 10.5　延时函数

在主函数中,定义一个保存身高的变量 height,然后将定时器 T0 设置为工作方式 1,采用查询方式。设置串行口波特率为 9600b/s,当晶振为 11.0592MHz 时,查表 9.3 可知,定时器 T1 的初值为 250。在 Proteus 中,将单片机的晶振修改为 11.0592MHz,然后虚拟终端波特率设置为 9600b/s。

主函数流程图如图 10.6 所示。主程序启动后,先发送开始检测距离信号,再等待超声波模块的回波。当检测到回波后,根据回波时间计算与障碍物之间的距离,再利用语音模块完成身高信息播报,等待一段时间后,开启下一次的检测。参考代码如图 10.7 所示。

由于 AT89C51 芯片只有一个串行口,因此,采用 TTL 方式驱动超声波模块,然后利用串行口驱动语音芯片,同时将串行口再与蓝牙模块相连。这样语音播报的内容会被同步发送到手机端。

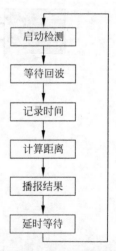

图 10.6　主函数流程图

利用定时器 0 的工作方式 1 来计时,一旦发现 Echo 出现高电平则启动定时,当 Echo 变为低电平时停止定时,然后利用公式计算距离。在图 10.7 中,先将记录距离的变量 height 清零,然后将 TH0 和 TL0 清零。按照时序,在 Trig 端触发大于 $10\mu s$ 的高电平,然后利用 while(!Echo)等待 Echo 出现高电平,一旦 Echo 变为高电平就打开定时器 T0,然后利用 while(Echo)等待 Echo 重新回到低电平,再停止定时器 T0。此时,TH0 和 TL0 中所

```
080  void main()
081  {
082      unsigned int height;
083
084      init_t0();
085      init_com();
086
087      Trig=0;
088      TR0=0;
089      while(1)
090      {
091          height=0;
092          TH0=0;
093          TL0=0;
094          Trig=1;
095          delayus(15);//  大于10μs即可
096          Trig=0;
097          while(!Echo);
098          TR0=1;
099          while(Echo);
100          TR0=0;
101          height=TH0*256+TL0;
102          height=12/11.0592*height*0.017;
103          //s=s/1000000*340/2*100,转换为厘米
104          //由于采用了11.0592Mhz晶振，因此需要调整时间
105          play(height);
106          delayms(10000);  //延时10s
107      }
108  }
```

图 10.7　主函数代码

保存的数据即为高电平所持续的时间。

将 TH0 和 TL0 的数据合并为 16 位二进制数。由于语音模块数据传输速率为 9600b/s，该项目中选择晶振频率为 11.0592MHz，因此，定时器的定时间隔不是 $1\mu s$，而是 $12/11.0592=1.085\mu s$。将得到的结果转换为秒，再乘以声速（340m/s），即为超声波从发出到返回的总时间，将其除以 2，再乘以 100 将单位转换为厘米。

调用 Play 函数播报身高数值，代码如图 10.8 所示。最后，延时 10s 以确保语音模块读数完毕，再开启下次检测。

```
void play(unsigned int n)
{
    puts("<G>您的身高为");
    putchar(n/100+48);
    puts("百");
    putchar(n%100/10+48);
    puts("十");
    putchar(n%10+48);
    puts("厘米");
    crlf();
}
```

图 10.8　语音播报函数代码

注意该实例检测的是超声波模块距离障碍物的距离，并不是身高信息。因此，若将该装置放置于头顶，则检测的是模块到头顶的距离。由于模块与地面的距离已知，因此，两者之差即是身高。

10.4 项目代码

参考代码如下:

```c
1    #include <reg51.h>
2
3    sbit Trig = P2^2;              //超声波模块的 Trig 端对应 P2.0
4    sbit Echo = P2^1;             //超声波模块的 Echo 端对应 P2.1
5
6    extern void _nop_(void);
7
8    void delayus(unsigned char n)
9    {
10       char i = n;
11       while(i--)
12          _nop_();
13   }
14
15   void delayms(unsigned int n)
16   {
17       unsigned int i,j;
18       for(i = n;i > 0;i--)
19          for(j = 113;j > 0;j--);
20   }
21   void t0() interrupt 1
22   {
23   }
24
25   void putchar(unsigned char n)
26   {
27       SBUF = n;
28       while(!TI);
29       TI = 0;
30   }
31
32   void puts(unsigned char * p)
33   {
34       while(* p)
35          putchar(* p++);
36   }
37
38   void init_t0()
39   {
40       TMOD| = 0x01;
41   }
```

```
42
43    void init_com()
44    {
45
46    //11.0592MHz
47    //208  232  244  250  253 (smod = 1)
48    //1200  2400  4800  9600  19200
49    // SM0 SM1 SM2 REN TB8 RB8 TI RI
50
51        SCON = 0x50;
52        PCON = 0x80;
53        TMOD| = 0x20;
54        TH1 = 250;
55        TR1 = 1;
56        TMOD| = 0x01;
57    }
58
59    void crlf()
60    {
61        putchar(0x0A);
62        putchar(0x0D);
63    }
64
65    void play(unsigned int n)
66    {
67        puts("<G>您的身高为");
68        putchar(n/100 + 48);
69        puts("百");
70        putchar(n % 100/10 + 48);
71        puts("十");
72        putchar(n % 10 + 48);
73        puts("厘米");
74        crlf();
75    }
76
77    void main()
78    {
79        unsigned int height;
80
81        init_t0();
82        init_com();
83
84        Trig = 0;
85        TR0 = 0;
86        while(1)
87        {
88            height = 0;
```

```
89          TH0 = 0;
90          TL0 = 0;
91          Trig = 1;
92          delayus(15);              // 大于 10μs 即可
93          Trig = 0;
94          while(!Echo);
95          TR0 = 1;
96          while(Echo);
97          TR0 = 0;
98          height = TH0 * 256 + TL0;
99          height = 12/11.0592 * height * 0.017;
100         //s = s/1000000 × 340/2 × 100,转换为厘米
101         //由于采用了 11.0592MHz 晶振,因此需调整时间
102         play(height);
103         delayms(10000); //延时 10s
104     }
105 }
```

10.5 项目总结

本项目学习了超声波模块和语音模块的用法,同时再一次利用蓝牙模块完成了数据的无线传输。了解了利用定时器配合 while 循环,实现记录电平时长的方法,并进一步巩固了串行口的用法。

思考问题:

(1) 如果身高是两位数或者十位是 0 的 3 位数时,应该如何修改程序以实现正确播报?例如,当检测到的距离为 23cm 时,上述程序将读作零百二十三厘米;当检测的距离为105cm 时,则被读作一百零十五厘米。提示,在语音播报代码中加入条件语句,根据数字的特征进行播报。

(2) 如何扩展系统功能?例如添加体重检测以及播报体重指数等功能。

10.6 习题

1. 超声波模块的功能是用于(　　　)。

    A. 定时　　　　　　　B. 测距　　　　　　　C. 语音　　　　　　　D. 发声

2. 超声波测距利用的主要参数有(　　　)。

    A. 障碍物大小　　　　B. 传输方向　　　　　C. 声波速度　　　　　D. 传输时间

3. US-100 超声波模块的数据传输方式包括(　　　)。

    A. 电平　　　　　　　B. 串行口　　　　　　C. SPI　　　　　　　　D. IIC

4. while(Echo)的功能是:等待 Echo 引脚出现(　　　)才结束。

A. 高电平 B. 低电平 C. 高阻态 D. 以上都不对

5. SX6288A 语音芯片与单片机之间采用(　)通信方式。

A. 串行口 B. SPI C. IIS D. IIC

6. Trig 引脚的功能为(　)。

A. 发送信号 B. 接收信号 C. 使能信号

7. Echo 引脚的功能为(　)。

A. 发送信号 B. 接收信号 C. 使能信号

8. 与超声波模块有关的名词有(　)。

A. 触发脉冲 B. 回波信号 C. 环境温度 D. 声波速度

9. Echo 引脚接收的高电平持续的时间代表(　)。

A. 超声波发送时间 B. 超声波返回时间

C. 超声波发到返回的总时间 D. 以上都不对

10. SX6288A 语音芯片的(　)命令用于播放语音。

A. <G> B. <M> C. <H> D. <V>

项目十一

数字电压表的设计

在单片机控制系统中,常会遇到处理模拟信号的情况,这就会用到模数转换器和数模转换器。本项目将重点学习模数转换的基本概念和 ADC0809 模块的基本用法。

11.1 项目目标

学习目标:了解 A/D 转换的相关知识,掌握 A/D 转换模块的基本用法。
学习任务:设计一款简易电压表,电压检测范围为 0～5V,检测精度为 5mV。
实施条件:单片机、数码管显示模块、A/D 转换模块等部分组成。

11.2 准备工作

11.2.1 A/D 与 D/A 转换的概念

模数转换器(Analogue to Digital Converter,ADC)的作用是把模拟量转换成数字量,以便于计算机进行处理。ADC 框图如图 11.1 所示。输入的模拟信号经过 ADC 转换为多位数字信号,便于单片机进行后续信号处理。

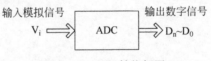

输入模拟信号　　　　　　输出数字信号

$V_i \Longrightarrow$　ADC　$\Longrightarrow D_n \sim D_0$

图 11.1　A/D 转换框图

随着超大规模集成电路技术的飞速发展,现在有很多类型的 ADC 芯片,根据转换原理可分为计数型、逐次逼近型、双重积分型和并行式 ADC 等;按转换方法可分为直接型和间接型。本项目只介绍两种常用的类型:逐次逼近型和 Sigma delta 调制型。

(1) 逐次逼近型。典型实例为 ADC0809 模块,如图 11.2 所示。逐次逼近型 ADC 是由一个比较器、数模转换器(Digital to Analogue Converter,DAC)、寄存器及控制电路部分组成。与计数型类似,也要进行比较以得到转换的数字量,但逐次逼近型是用一个寄存器从高位到低位依次逐位试探。转换过程如下:开始时,寄存器清零,开始转换时,先将最高位置

1,送 DAC 转换结果与输入的模拟量比较,如果转换的结果比输入的模拟量小,则 1 保留,如果转换的模拟量比输入模拟量大,则将该位清零,然后从第二位依次重复上述过程,直至最低位,最后寄存器中的内容就是输入模拟量对应的数字量。一个 n 位的逐次逼近型 ADC 转换要比较 n 次,转换时间只取决于位数和时钟周期。逐次逼近型 ADC 转换速度快,在实际中广泛使用。

（2）Sigma delta 调制型。典型实例 HX711,如图 11.3 所示。该 ADC 由积分器、比较器、1 位 DAC 和数字滤波器等组成。将输入电压转换成脉冲宽度信号,用数字滤波器处理后得到数字值。该模块可输出 24 位精度的转换结果。

图 11.2　逐次逼近型 ADC 模块 ADC0809　　　图 11.3　Sigma delta 调制型 ADC 模块 HX711

ADC 的主要技术指标如下。

（1）分辨率。数字量变化一个最小量时模拟信号的变化量,定义为满刻度与 2^n 的比值。分辨率又称精度,通常以数字信号的位数来表示。

（2）转换速率。完成一次 A/D 转换所需的时间的倒数。积分型 ADC 的转换时间是毫秒级属低速 ADC,逐次逼近型 ADC 是毫秒级属中速 ADC,全并行 ADC 可达到纳秒级。

（3）采样时间是指两次转换的间隔。为了保证转换的顺利完成,采样速率必须小于或等于转换速率。

（4）量化误差。由于 ADC 的有限分辨率而引起的误差,即有限分辨率 ADC 的阶梯状转移特性曲线与理想 ADC 的转移特性曲线之间的最大偏差。

（5）偏移误差。输入信号为零时输出信号不为零的值,可外接电位器调至最小。

除了 ADC 外,实际应用中也常用到 DAC。DAC 是将数字量转换为模拟量的电路,主要用于数据传输系统、自动测试设备、医疗信息处理、电视信号的数字化、图像信号的处理和识别、数字通信和语音信息处理等。

11.2.2 模/数转换器 ADC0809

ADC0809 芯片实物图如图 11.4 所示。该模块具有转换启停控制端,转换时间为 $100\mu s$,采用 5V 单电源供电,低功耗约 15mW。其转换精度约为 5mV,满足设计要求。该模块内部有一个 8 通道多路开关,可以根据地址码锁存译码后的信号,只选通 8 路模拟输入信号中的一路进行 A/D 转换。

图 11.4 ADC0809 芯片实物图

ADC0809/0808 的内部结构如图 11.5 所示。ADC0808 是 ADC0809 的简化版本,另外两个芯片输出的数字量的顺序正好相反,ADC0808 的输出端 OUT1 对应结果的最高位 (MSB)。在采用 Proteus 进行仿真时一般采用 ADC0808 进行 A/D 转换,而实际使用时则采用 ADC0809。该芯片有 28 个引脚,采用双列直插式封装,其中 IN0~IN7 为 8 路模拟量输入端。

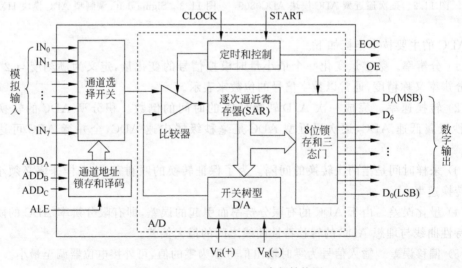

图 11.5 ADC0809/0808 内部结构图

$IN_0 \sim IN_7$ 为 8 路模拟输入端,通过 3 根地址译码线 ADD_A、ADD_B、ADD_C 来选通一路; ALE 地址锁存允许信号,高电平有效。当此信号有效时,ADD_A、ADD_B、ADD_C 三位地址信号被锁存,译码选通对应模拟通道。在使用时,该信号常和 START 信号连在一起,以便同时锁存通道地址和启动 A/D 转换。START 为 A/D 转换启动脉冲输入端,输入一个正脉冲(至少 100ns)使其启动(脉冲上升沿使 0808 复位,下降沿启动 A/D 转换)。$D_0 \sim D_7$ 为 8 位数字量输出端;EOC 为转换结束信号,高电平有效。该信号在 A/D 转换过程中为低电平,其余时间为高电平。该信号可作为 CPU 查询的状态信号,也可作为 CPU 的中断请求信号。在对某个模拟量不断采样、转换的情况下,EOC 也可作为启动信号反馈接到 START 端,但在刚加电时需由外电路第一次启动。OE 为数据输出允许信号,高电平有效。当 A/D 转换结束时,此端输入一个高电平才能打开输出三态门输出数字量。CLOCK 为时钟脉冲输入端,要求时钟频率不高于 640kHz。$V_R(+)$ 和 $V_R(-)$ 为参考电压输入端,V_{CC} 为主电源输入端。ADC0809/0808 的外部引脚如图 11.6 所示。地址信号与选通通道的关系如表 11.1 所示。

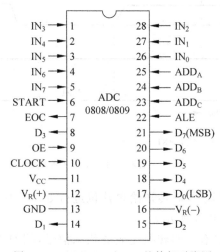

图 11.6 ADC0809/0808 的外部引脚图

表 11.1 地址信号与选通通道的关系

地 址			选 通 通 道
ADD_C	ADD_B	ADD_A	
0	0	0	IN_0
0	0	1	IN_1
0	1	0	IN_2
0	1	1	IN_3
1	0	0	IN_4
1	0	1	IN_5
1	1	0	IN_6
1	1	1	IN_7

ADC0809/0808 工作时序如图 11.7 所示。当通道选择地址有效时,ALE 信号出现,则

地址被锁存,此时转换启动信号紧随 ALE 之后(或与 ALE 同时)出现。START 的上升沿将逐次逼近寄存器复位,在该上升沿之后的 2μs 加 8 个时钟周期内,EOC 信号将变为低电平,以指示转换操作正在进行中,直到转换完成后 EOC 再变为高电平。微处理器检测到 EOC 信号变为高电平后,便立即送出 OE 信号,打开三态门,读取转换结果。

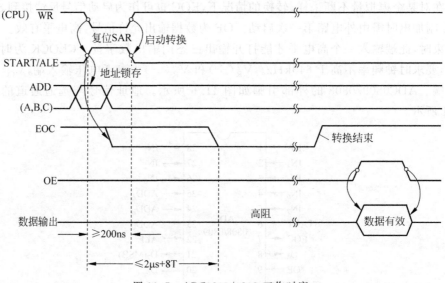

图 11.7　ADC0809/0808 工作时序

　　A/D 转换后得到的数据应及时传送给单片机进行处理。数据传送的关键问题是确认 A/D 转换的完成,可采用下述 3 种方法。

　　(1) 查询方法。ADC 具有表明转换完成的状态信号,例如 ADC0808 的 EOC 端,当转换结束后,EOC 端变为高电平,即可确认转换结束,因此,利用循环结构反复查询 EOC 的状态即可。

　　(2) 延时法。该方法与查询法类似,由于 A/D 转换时间作为一项技术指标是已知的,例如 ADC0809 转换时间为 128μs。可据此设计一个延时程序,A/D 转换启动后即调用此子程序,延时时间一到,转换肯定已完成。

　　(3) 中断法。将表明转换完成的状态信号(EOC)于非门相连,再将其作为外中断请求信号,以中断方式进行数据传送。

　　打开 Proteus 软件,在添加元件界面的关键字部分输入 ADC0808,在结果中选择第一项双击,将它添加到列表。在关键字部分输入 AT89C51 添加单片机,然后再添加电位器(POT-H),关键字处输入 NOT,加入非门模块。绘制系统电路如图 11.8 所示。

　　ADC 模块仿真测试。首先打开 Keil 软件,创建项目名称为 test,完成程序框架。引脚的定义如图 11.9 所示。

　　由于 ADC0808 需提供不超过 600kHz 的时钟信号才能工作,因此,需初始化定时器,产生此时钟信号。假设 T0 的初始化函数为 InitT0,在函数内部,设置定时器 T0 的工作方式为方式 1,IE 设置为 0x82 用于允许定时器 T0 中断,设置定时器初值。本项目将选择 CLOCK 的半周期为 256 μs 即频率约为 3906Hz,满足 ADC0808 的工作要求,则初始化 TH0 为 0xFF,TL0 为 0。每发生一次定时中断,将 CLOCK 引脚的状态取反。参考代码如图 11.10 所示。

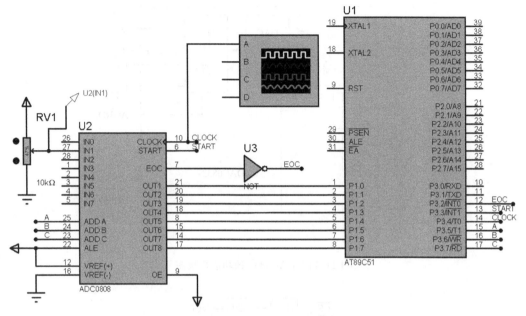

图 11.8　系统仿真电路原理图

```
10  void InitT0()
11  {
12      TH0=0xFF;
13      TL0=0x00;
14      TMOD=0x01;
15      IE=0x82;
16      TR0=1;
17  }
18
19  void T0Ser()  interrupt  1
20  {
21      TH0=0xFF;
22      TL0=0x00;
23      CLOCK=!CLOCK;
24  }
```

```
03  sbit  EOC=P3^2;
04  sbit  START=P3^3;
05  sbit  CLOCK=P3^4;  //不超过640kHz
06  sbit  c=P3^5;
07  sbit  b=P3^6;
08  sbit  a=P3^7;
```

图 11.9　引脚的定义　　　　图 11.10　定时器初始化与定时中断函数

11.2.3　数/模转换器 DAC0832

DAC 的品种繁多、性能各异。按输入数字量的位数分为 8 位、10 位、12 位和 16 位等;

按输入的数码分为二进制方式和 BCD 码方式;按传送数字量的方式分为并行方式和串行方式;按输出形式分为电流输出型和电压输出型,电压输出型又有单极性和双极性;按与单片机的接口分为带输入锁存的和不带输入锁存的。本项目将介绍一种典型的电流输出型 DAC0832。该模块的功能模块如图 11.11 所示,引脚如图 11.12 所示。

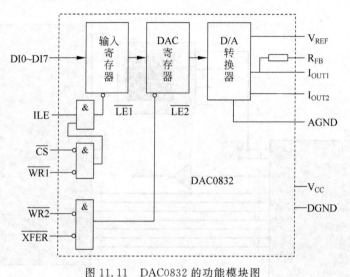

图 11.11 DAC0832 的功能模块图

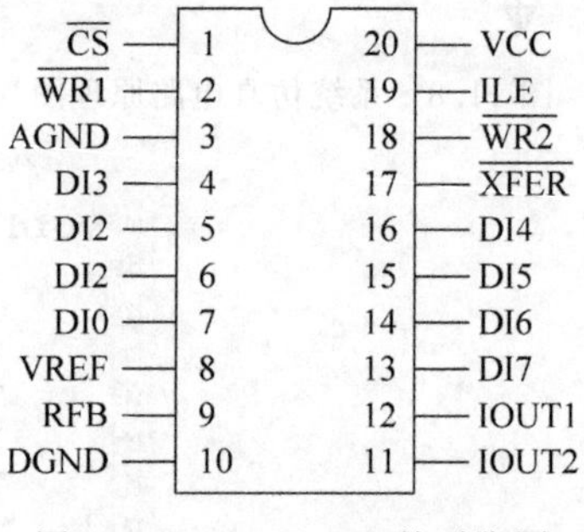

图 11.12 DAC0832 的引脚图

DAC0832 有 20 个引脚,采用双列直插式封装,其中:

DI0~DI7(DI0 为最低位):8 位数字量输入端。

ILE:数据允许控制输入线,高电平有效。

$\overline{CS}$ 为片选。

$\overline{WR1}$ 为写信号线 1。

$\overline{WR2}$ 为写信号线 2。

$\overline{XFER}$ 为数据传送控制信号输入线,低电平有效。

IOUT1:模拟电流输出线 1。它是数字量输入为 1 的模拟电流输出端。

IOUT2:模拟电流输出线 2,它是数字量输入为 0 的模拟电流输出端,采用单极性输出时，IOUT2 常常接地。

RFB：片内反馈电阻引出线，反馈电阻制作在芯片内部，用作外接的运算放大器的反馈电阻。

VREF：基准电压输入线，电压范围为$-10\mathrm{V}\sim+10\mathrm{V}$。

V_{CC}：工作电源输入端，可接$+5\mathrm{V}\sim+15\mathrm{V}$电源。

AGND：模拟地。

DGND：数字地。

DAC0832 有 3 种方式：直通方式、单缓冲方式和双缓冲方式。

(1) 直通方式。将 $\overline{CS}$、$\overline{WR1}$、$\overline{WR2}$、$\overline{XFER}$ 接地，ILE 接电源，DAC0832 将工作于直通方式。此时，8 位输入寄存器和 8 位 DAC 寄存器都直接处于导通状态，8 位数字量到达 DI0~DI7，就立即进行 D/A 转换，从输出端得到转换的模拟量。

(2) 单缓冲方式。将单片机的引脚与 $\overline{CS}$、$\overline{WR1}$、$\overline{WR2}$、$\overline{XFER}$ 连接，使得两个锁存器的一个处于直通状态，另一个处于受控制状态，或者两个被控制同时导通，DAC0832 就工作于单缓冲方式，如图 11.13 所示。

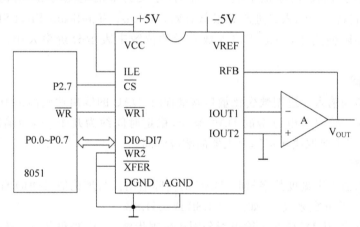

图 11.13　DAC0832 工作在单缓冲模式的连线图

(3) 双缓冲方式。当 8 位输入锁存器和 8 位 DAC 寄存器分开控制导通时，DAC0832 工作于双缓冲方式，双缓冲方式时单片机对 DAC0832 的操作分两步：第一步，使 8 位输入锁存器导通，将 8 位数字量写入 8 位输入锁存器中。第二步，使 8 位 DAC 寄存器导通，8 位数字量从 8 位输入锁存器送入 8 位 DAC 寄存器。双缓冲方式的连接如图 11.14 所示。

DAC 在实际中经常作为波形发生器使用，通过它可以产生各种各样的波形。它的基本原理：利用 DAC 输出模拟量与输入数字量成正比的关系，通过程序控制 CPU 向 DAC 送出随时间呈一定规律变化的数字量，则 DAC 输出端就可以输出随时间按一定规律变化的波形。

DAC 的性能指标如下。

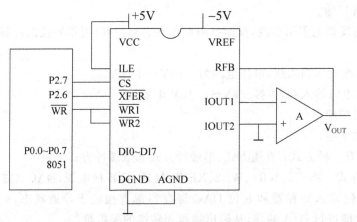

图 11.14 DAC0832 工作在双缓冲模式的连线图

1. 分辨率

分辨率反映了 DAC 对模拟量的分辨能力,定义为基准电压与 2^n 的比值,其中 n 为 DAC 的位数。它就是与输入二进制数最低有效位(Least Significant Bit,LSB)相当的输出模拟电压。在实际使用中,一般用输入数字量的位数来表示分辨率大小,分辨率取决于 DAC 的位数。

2. 稳定时间

稳定时间指当输入二进制数变化量是满量程时,DAC 的输出达到离终值 ±1/2 LSB 时所需的时间。对于输出是电流型的 DAC 来说,稳定时间约为几个 μs,而输出是电压型的 DAC,其稳定时间主要取决于运算放大器的响应时间。

3. 绝对精度

绝对精度指输入满刻度数字量时,DAC 的实际输出值与理论值之间的偏差。该偏差用最低有效位 LSB 的分数来表示,如 ±1/2LSB 或 ±1LSB。

采用直通方式,从 DAC0832 输出端分别产生锯齿波、三角波和方波。按照要求设计仿真电路如图 11.15 所示。其中单片机的 P2 口与 DAC0832 的数据输入口 D0~D7 相连,其他信号采用直通方式连接,在 IOUT1 和 IOUT2 端连接 UA741。

参考代码如图 11.16 所示。该程序利用定时器 T0 产生 5ms 间隔的定时 sec 信号。在主函数中检测 sec 信号的状态,若 sec 为 1 则将 sec 清零,用于触发一次 P2 口传送数据。传送数据前,先计算当前的弧度值,利用 n 来保存。由于 DAC0832 的精度为 $2^8 = 256$,因此,将 2π 分为 256 份,每次传送数据递增一份,如图 11.16 中的第 35 行代码所示。由于调用了外部 sin 函数,因此需对该函数进行声明,如第 3 行代码所示。在计算完正弦值后,n 的值在 $[-1,1]$ 区间,还需映射成 P2 口对应的 8 位二进制数,即映射到 $[0,255]$ 区间,如代码第 36 行所示。波形如图 11.17 所示。

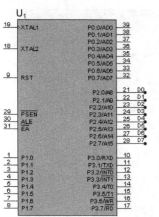

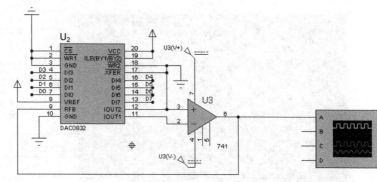

图 11.15 产生正弦信号电路原理图

```
1   #include <reg51.h>
2
3   extern float sin(float val);
4
5   bit  sec,key_mark;
6   float n;
7
8   void t0() interrupt  1
9   {
10      TH0=-5000>>8;
11      TL0=-5000;
12      sec=1;
13  }
14
15  void init_t0()
16  {
17      TH0=-5000>>8;
18      TL0=-5000;
19      TMOD=0x01;
20      IE=0x82;
21      TR0=1;
22  }
23
24  void main()
25  {
26
27    init_t0();
28    n=0;
29
30    while(1)
31    {
32      if(sec)
33      {
34          sec=0;
35          n=n+6.28/256;
36          P2=128+127*sin(n);
37      }
38    }
39  }
```

图 11.16 产生正弦信号参考代码

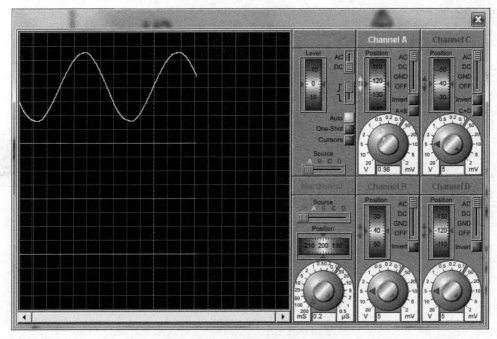

图 11.17　产生正弦信号仿真效果

11.3　项目实现

常用的 A/D 数据的采集方法介绍。

1. 延时等待法

为了直接采集转化后的数据,需等待足够长的时间,以保证 A/D 转换完成。该时间长度取决于 ADC0808 的工作频率,即 CLOCK 的数值越高,则转换得越快,等待的时间则越短。因此,在启动 A/D 转换后,需编写软件延时函数 delay,假设延时参数 n 取 10。延时之后,A/D 转换的数值已经传入 P2 口。Delay 函数的实现代码如图 11.18 所示。

```
26  void delay(char n)
27  {
28      unsigned char i,j;
29
30      for(i=0;i<n;i++)
31          for(j=0;j<100;j++)
32              ;
33  }
```

图 11.18　软件延时函数

该方式需等待足够长的时间,以保证 A/D 转换已经完成,然后再读取数据。回到 Keil,在主函数中循环读取 A/D 值,并将 A/D 结果传输给 P2 口。本例假设读取函数名为

ReadAd,代码如图 11.19 所示。

```
35  unsigned char   ReadAd(char   channel)
36  {
37      a=channel/4;
38      b=channel%4/2;
39      c=channel%2;
40
41      START=1;
42      START=0;
43      delay(100);
44
45      return P1;
46  }
```

图 11.19　等待法读取 A/D 值的函数

　　ReadAd 函数中的参数用来表明 A/D 转换的通道号,本例已经选择了 1 号通道,所以参数为 1。函数返回值的类型为 unsigned char,函数的参数为 channel,代表通道号。首先根据 channel 的值来确定 a~c 的引脚的状态。channel 取值 0~7,对应 3 位二进制数,其中 a 对应 3 位数的最高位,b 对应中间位,c 对应最低位,因此,a 的值等于 channel 的值与 4 取整;b 等于 channel 的值与 4 求余后再与 2 取整;c 是最低位,等于 channel 的值和 2 求余。根据时序,此时在 START 引脚应该产生超过 200ns 的高电平,才可以触发 A/D 转换。由于本例中单片机采用 12MHz 晶振,执行一条最短的指令至少需 $1\mu s$,因此,只要将 START 设置 1 之后,马上清零就可以满足启动条件。

　　下面来验证一下 A/D 转换的数值是否正确。首先,在电位器的中间抽头端添加电压监视一个端子,如图 11.20 所示。当改变电位器中间抽头位置时,会看到所得的电压值会发生变化。运行程序时,在端子上会显示当前的电压值。

　　调整电位器,将比例调整为 75%,此时电压监视端子显示的数值为 3.749V。打开计算器,切换为标准型,输入 3.749,由于参考电压为 5V,则将计算结果再除以5,采用 8 位精度的 A/D 转换,最大量程是 256,所以乘以

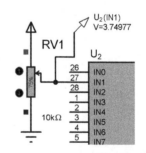

图 11.20　电位器和电压监测端子

256,得到的结果约等于 192。再将计算器的模式修改为程序员模式,输入 192,则得到对应的十六进制为 0xC0。

2. 查询法

　　查询法的代码如图 11.21 所示。查询法的思路是在启动 A/D 转换后,程序一直查询 EOC 的状态。即转换期间 EOC 一直为低电平,而转化完毕后变为高电平。由于 EOC 的值经过非门后与单片机相连,当转化完毕之后,EOC 端输出高电平,而取反后变为低电平,因此,只要 EOC 取反后的信号是高电平,那么就一直等待,当 EOC 变为低电平时循环结束,表明 A/D 转换已经完毕,此时返回 P1 口的值则为 A/D 转换的结果。

```
35 unsigned char ReadAd(char   channel)
36 {
37     a=channel/4;
38     b=channel%4/2;
39     c=channel%2;
40
41     START=1;
42     START=0;
43     while(EOC);
44
45     return P1;
46 }
```

图 11.21　利用查询法读取 A/D 值的函数

3. 外中断法

由于外中断可以工作在低电平触发或者下降沿触发模式下,而 A/D 转换结束后,EOC 将输出高电平,与单片机需的中断信号正好相反,因此,在本例中利用非门将 EOC 的结果取反之后,再连到单片机的中断输入端 P3.2。在外中断服务函数中,将 P1 口的值设置为 A/D 转换后的结果。为了启动连续转换,需在该函数内对 START 进行配置。

主函数中,将外中断 0 的触发方式设置为下降沿触发,即将 IT0 设置为 1。设置 IE＝ 0X81,打开外中断。为了防止对 IE 寄存器的赋值影响其他函数对 IE 的设置,此处必须利用或运算。配置好 A/D 转换通道后,设置 START 的值,启动第一次 A/D 转换,具体实现代码如图 11.22 所示。

```
26 void Ex0Ser() interrupt 0
27 {
28     P2=P1;
29     START=1;
30     START=0;
31 }
32
33 void main()
34 {
35     char channel=1;
36
37     InitT0();
38     IT0=1;
39     IE|=0X01;
40
41     a=channel/4;
42     b=channel%4/2;
43     c=channel%2;
44
45     START=1;
46     START=0;
47
48     while(1)
49     {
50
51     }
52 }
```

图 11.22　利用外中断触发读取 A/D 值

11.4 项目代码

1. 延时等待法代码

参考代码如下：

```
1    # include < reg51.h>
2
3    sbit EOC = P3^2;
4    sbit START = P3^3;
5    sbit CLOCK = P3^4;              //不超过 640kHz
6    sbit c = P3^5;
7    sbit b = P3^6;
8    sbit a = P3^7;
9
10   void t0() interrupt 1
11   {
12       TH0 = 0xFF;
13       TL0 = 0x00;
14       CLOCK = !CLOCK;
15   }
16
17   void delay(char n)
18   {
19       unsigned char i,j;
20
21       for(i = 0;i < n;i++)
22         for(j = 0;j < 100;j++)
23             ;
24   }
25
26   void InitT0()
27   {
28       TH0 = 0xFF;
29       TL0 = 0x00;
30       TMOD = 0x01;
31       IE = 0x82;
32       TR0 = 1;
33   }
34
35   unsigned char ReadAd(char channel)
36   {
37       a = channel/4;
38       b = channel % 4/2;
39       c = channel % 2;
40
```

```
41          START = 1;
42          START = 0;
43          delay(100);
44
45          return P1;
46    }
47
48    void main()
49    {
50          InitT0();
51
52          while(1)
53          {
54              P2 = ReadAd(1);
55          }
56    }
```

2. 查询法代码

参考代码如下：

```
1     #include <reg51.h>
2
3     sbit EOC = P3^2;
4     sbit START = P3^3;
5     sbit CLOCK = P3^4;        //不超过 640kHz
6     sbit c = P3^5;
7     sbit b = P3^6;
8     sbit a = P3^7;
9
10    void InitT0()
11    {
12          TH0 = 0xFF;
13          TL0 = 0x00;
14          TMOD = 0x01;
15          IE = 0x82;
16          TR0 = 1;
17    }
18
19    void T0Ser() interrupt 1
20    {
21          TH0 = 0xFF;
22          TL0 = 0x00;
23          CLOCK = !CLOCK;
24    }
25
26    void delay(char n)
27    {
```

```
28        unsigned char i,j;
29
30        for(i = 0;i < n;i++)
31            for(j = 0;j < 100;j++)
32                ;
33    }
34
35    unsigned char ReadAd(char channel)
36    {
37        a = channel/4;
38        b = channel % 4/2;
39        c = channel % 2;
40
41        START = 1;
42        START = 0;
43        while(EOC);
44
45        return P1;
46    }
47
48    void main()
49    {
50        InitT0();
51
52        while(1)
53        {
54            P2 = ReadAd(1);
55        }
56    }
57
```

3. 中断法代码

参考代码如下：

```
1     # include < reg51.h >
2
3     sbit EOC = P3^2;
4     sbit START = P3^3;
5     sbit CLOCK = P3^4;      //不超过 640kHz
6     sbit c = P3^5;
7     sbit b = P3^6;
8     sbit a = P3^7;
9
10    void t0() interrupt 1
11    {
12        TH0 = 0xFF;
13        TL0 = 0x00;
```

```
14          CLOCK = ! CLOCK;
15      }
16
17   void InitT0()
18   {
19          TH0 = 0xFF;
20          TL0 = 0x00;
21          TMOD = 0x01;
22          IE = 0x82;
23          TR0 = 1;
24   }
25
26   void Ex0Ser() interrupt 0
27   {
28       P2 = P1;
29       START = 1;
30       START = 0;
31   }
32
33   void main()
34   {
35          char channel = 1;
36
37          InitT0();
38          IT0 = 1;
39          IE| = 0X01;
40
41          a = channel/4;
42          b = channel % 4/2;
43          c = channel % 2;
44
45          START = 1;
46          START = 0;
47
48          while(1)
49          {
50          }
51   }
```

11.5   项目总结

本项目了解了 ADC 的定义、常用的 ADC 模块、A/D 转换的性能指标,以 ADC0808 为例讲解 ADC 的用法,完成项目。

思考问题:

（1）如果检测分辨率要求达到 1mV，应该采用哪种类型的 ADC？

（2）如何利用单片机输出指定频率的正弦波、三角波信号？

11.6　习题

1. A/D 转换概念中，A 代表的（　　）信号。

　　A. 模拟　　　　　　　　B. 数字　　　　　　　　C. 转化器

2. ADC 模块的类型有（　　）。

　　A. 积分型　　　　　　　　　　　　B. 逐次逼近型

　　C. 并行比较型　　　　　　　　　　D. Sigma-delta 调制型

3. A/D 转换的分辨率一般由（　　）决定。

　　A. 数字信号的位数　　　　　　　　B. 参考电压

　　C. 通道个数　　　　　　　　　　　D. 供电电压

4. ADC0809 的 START 引脚的作用为启动转换。（　　）

　　A. 对　　　　　　　　B. 错

5. ADC0809 的所有 8 个通道可以同时工作。（　　）

　　A. 对　　　　　　　　B. 错

6. ADC0809 的优点是（　　）。

　　A. 转换速度高　　　　　　　　　　B. 功耗低

　　C. 低精度时价格低　　　　　　　　D. 价格高

7. Gigma-delta 型 ADC 的内部包括（　　）。

　　A. 积分器　　　　　　B. 比较器　　　　　　C. DAC　　　　　　D. 数字滤波器

8. Gigma-delta 型 ADC 模块可将输入电压转换为（　　）信号，然后利用数字滤波器转换为数字信号。

　　A. 脉冲宽度信号　　　　B. 模拟信号　　　　C. 数字信号

9. Gigma-delta 型 ADC 模块容易实现高精度 A/D 转换功能。（　　）

　　A. 对　　　　　　　　B. 错

10. ADC 的技术指标包括（　　）。

　　A. 分辨率　　　　　　B. 转换速率　　　　　C. 采样时间　　　　　D. 量化误差

项目十二

点阵显示系统设计

本项目将介绍点阵显示模块的基本原理和驱动方法,讨论基于 8×8 点阵模块实现数字 0～9 显示以及基于 16×16 点阵模块实现汉字显示的具体过程。

12.1 项目目标

学习目标:掌握点阵显示模块的使用方法。

学习任务:设计一款点阵汉字显示系统,可显示"欢迎学习单片机原理及应用"。

实施条件:单片机、8×8 点阵等。

12.2 准备工作

12.2.1 LED 点阵原理

LED 点阵显示屏特点如下。

(1) 亮度高。LED 有更多的光通量被反射出。

(2) 混色好。利用发光器件本身的微化处理和光的波粒二象性,使得红光粒子、绿光粒子、蓝光粒子都得到充分地相互混合搅匀。

(3) 环境性能好。耐湿、耐冷热、耐腐蚀。

(4) 抗静电性能优势超强。制作环境有着严格的标准,还有产品结构的绝缘设计。

(5) 可视角度大。140°(水平方向)。

(6) 通透性高。新一代点阵技术凭借晶片自身的高度纯度性能,以及几近 100% 光通率的环氧树脂材料,达到了接近完美的通透率。

基于以上特点,LED 点阵显示屏广泛应用与汽车报站器、广告屏等。按照颜色分类,LED 点阵屏有单色和双色、全彩三类,可显示红、黄、绿、橙等颜色。按照尺寸分类,LED 点阵有 4×4、5×8、8×8、16×16、24×24、40×40 等规格;按照像素的数目分为单色、双原色、三原色等。不同尺寸的点阵模块如图 12.1 所示,8×8 LED 点阵是最基本的点阵显示模块。8×8 点阵解剖图如图 12.2 所示。8×8 点阵共由 64 个发光二极管组成,且每个发光二极管放置在行线和列线的交叉点上,通过编程控制各交叉点 LED 阳极和阴极的电平,就可以有效的控制 LED 的亮灭,从而实现文字或者图像的显示。8×8 点阵模块实物图如图 12.3 所示。

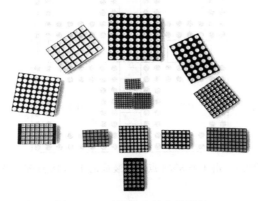

图 12.1　不同尺寸的点阵模块

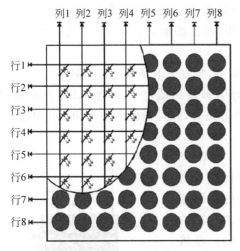

图 12.2　8×8 点阵解剖图

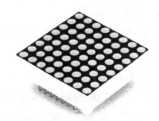

图 12.3　8×8 点阵实物图

由于汉字笔画复杂,因此,一般采用至少 16×16 的点阵来显示汉字,即每一个汉字由 256 个发光二极管组成的点阵来显示。实际应用中,一般采用 4 个 8×8 点阵组合成一个 16×16 点阵,如图 12.4 所示。

LED 点阵显示系统中,一般采用动态显示方式驱动,即在逐行扫描的过程中,由峰值较大的窄脉冲驱动,从上到下逐次地对显示屏的各行进行选通,同时向各列送出表示图形或文字信息的脉冲信号,循环以上操作,就可显示各种图形或文字信息。此外,点阵的驱动引脚并不是按照顺序排列的,而是错乱分布的,因此,在设计电路板时,必须根据数据手册确定引脚位置。

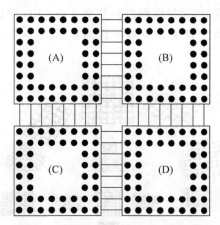

图 12.4 由 4 个 8×8 点阵拼装成的 16×16 点阵示意图

12.2.2 8×8 点阵驱动

打开 Proteus 添加元件。首先在关键字位置输入 AT89C51,将单片机添加到元件列表。然后关键字 MATRIX-8x8 选择绿色的模块,双击添加到元件列表。最后将 74HC138 和 74HC595 添加到元件列表中。

首先,确定点阵的行和列。随机连上几个引脚,观察一下显示效果。例如,在 8×8 点阵模块底端的某个引脚连到高电平,顶端的所有引脚连到低电平,观察 LED 点亮情况,如图 12.5 所示。运行后,可以看到上端引脚代表的是行,并且是低电平驱动;下面的引脚代表的是列,高电平有效。

8×8 点阵驱动电路如图 12.6 所示。添加 74HC138 用于驱动行线,再添加 74HC595 用于驱动列线。将 74HC595 的输出端依次和 8×8 点阵的下方的引脚相连,然后将 74HC138 的输出端 Y0～Y7 和 8×8 点阵的上方引脚相连,并通过网络标号对引脚命名。连接 74HC138 的使能信号,将 E1 接到电源,E2 和 E3 接地。3 个控制端分别命名为 A、B、C。74HC595 的使能端 OE 连接低电平,MR 连接高电平。然后将锁存端名为 LOCK,数据端命名为 DAT,时钟端命名为 CLK。最后将 P2.0～P2.2 依次命名为 A、B、C,将 P2.3～P2.5 依次命名为 LOCK、CLK 和 DAT。

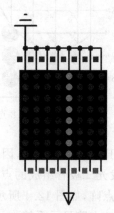

图 12.5 8×8 点阵行和列驱动测试

打开如图 12.7 所示的字模提取软件,依次单击系统、字体设置,将大小修改为六号,如图 12.8 所示。在文字编辑区输入 2,单击"生成字模"按钮。然后将"2"的字模复制到程序中。

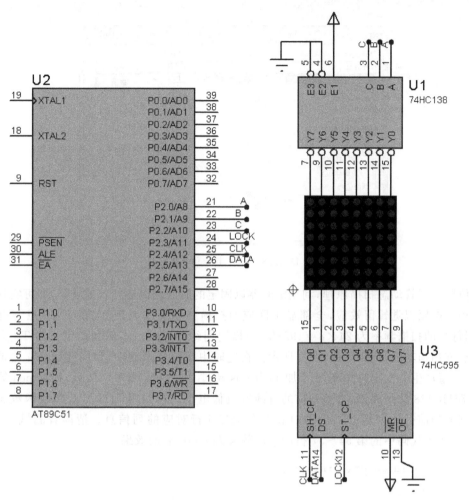

图 12.6 8×8 点阵驱动电路

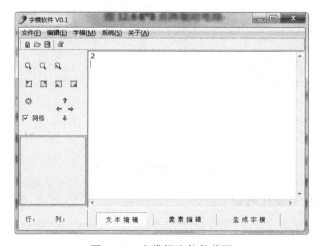

图 12.7 字模提取软件截图

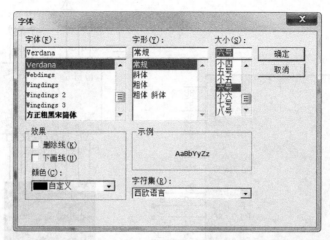

图 12.8 设置字号和字体

仿照数码管动态扫描原理,利用定时器以固定的时间间隔逐行扫描点阵,即可实现点阵的驱动。按照视觉暂留效应,全部显示区域的扫描频率应该大于 24Hz,8×8 点阵有 8 个行,则每行的扫描频率为 24×8=192Hz,扫描周期约为 5ms。本例利用定时器 T0 完成定时和点阵扫描功能,代码如图 12.9 所示。在定时中断服务函数中,利用变量 pos 记录扫描的行号,每产生一次定时中断,pos 加 1,当 pos 超过 7 时,pos 清零。然后,根据 pos 的值来确定 74HC138 的译码值,将被扫描的行线置成低电平。再调用 74HC595 传数函数 send_595,完成当前行的列驱动。代码中 p[i]代表第 i 行对应的列信息。请读者测试一下,将图 12.9 所示代码中的第 54~57 行的 pos 替换为 7-pos 后的效果。

```
45  void T0Ser() interrupt    1
46  {
47
48      TH0=-5000>>8;
49      TL0=-5000;
50
51      if(++pos>7)
52        pos=0;
53
54      c=(pos)/4;
55      b=(pos)%4/2;
56      a=(pos)%2;      //如果不用7-pos 而是直接写pos,效果会如何
57      send_595(p[pos]);  //送数
58
59      lock=0;
60      lock=1;
61  }
```

图 12.9 定时中断服务函数

8×8 点阵测试的完整代码如下:

```
1    #include <reg51.h>
```

```
2
3    sbit   dat = P2^5;
4    sbit   clk = P2^4;
5    sbit   lock = P2^3;
6    sbit   a = P2^0;
7    sbit   b = P2^1;
8    sbit   c = P2^2;
9
10   char pos, * p;
11
12   //centry 六号字 取字模
13   unsigned char Matrix001[8] =
14   {
15   /* -------------------------------------------------
16   ; 源文件 / 文字: 2
17   -------------------------------------------------- */
18       0x70,0x88,0x08,0x10,0x20,0x40,0x80,0xF8,
19   };
20
21   void send_595(unsigned char n)
22   {
23     unsigned char i;
24
25         for(i = 0;i < 8;i++)
26         {
27             if(n&1)                    //如果先送高位后送低位,会出现什么样的效果
28               dat = 1;
29             else
30               dat = 0;
31
32           clk = 0;
33           clk = 1;
34
35           n >> = 1;
36         }
37
38         lock = 0;
39         lock = 1;
40   }
41
42   void T0Ser() interrupt 1
43   {
44
45       TH0 = - 5000 >> 8;
46       TL0 = - 5000;
47
48       if(++pos > 7)
```

```
49        pos = 0;
50
51        c = (pos)/4;
52        b = (pos) % 4/2;
53        a = (pos) % 2;              //如果不用 7－pos 而是直接写 pos,效果会如何
54        send_595(p[pos]);          //送数
55
56        lock = 0;
57        lock = 1;
58   }
59   void InitT0()
60   {
61        TMOD = 0x01;
62        IE = 0x82;
63        TR0 = 1;
64   }
65
66   void main()
67   {
68        InitT0();
69        p = Matrix001;
70
71        while(1)
72        {
73
74        }
75   }
```

12.2.3　利用 8×8 点阵显示 0~9

每间隔 1s 轮流显示数字 0~9。根据字模可知,每个点阵有 8 字节,因此,为了实现显示屏内容 0~9 自动切换,则需在每次定时时间到时,将指针向后移动 8 字节,即 p＝p＋8。在定时中断中,利用 cnt 累计进入中断的次数,由于定时间隔为 5ms,则计数 200 次为 1s,则可产生秒信号 sec。当主函数检测到 sec 后,将指向点阵的指针增加 8,以指向下一个数字对应的点阵。

由于指针 p 没有设置上限,因此,当显示完 9 以后点阵屏幕将出现乱码。解决办法是在 Matrix010 后再增加一个数组名为 end。然后在主函数中增加对 p 的条件判断(见下面代码的第 190~191 行)。注意必须在每个字模变量定义时加 code 关键字,以保证所有的点阵信息保存在代码区,从而节省内存。

利用 8×8 点阵显示 0~9 的完整代码如下:

```
1    # include < reg51.h>
2
3    sbit    dat = P2^5;
```

```
4    sbit   clk = P2^4;
5    sbit   lock = P2^3;
6
7    void disp(unsigned n);
8
9    char cnt,pos, * p;
10   bit sec;
11
12   //centry   六号字   取字模
13   unsigned char code Matrix001[8] =
14   {
15   /* ------------------------------------------------
16   ; 源文件 / 文字: 0
17   ; 宽×高(像素) : 6×4
18   ------------------------------------------------ */
19      0x70,0x88,0x88,0x88,0x88,0x88,0x88,0x70,
20   };
21
22   unsigned char code Matrix002[8] =
23   {
24   /* ------------------------------------------------
25   ; 源文件 / 文字: 1
26   ; 宽×高(像素) : 8×5
27   ------------------------------------------------ */
28      0x20,0xE0,0x20,0x20,0x20,0x20,0x20,0xF8,
29   };
30
31   unsigned char code Matrix003[8] =
32   {
33   /* ------------------------------------------------
34   ; 源文件 / 文字: 2
35   ; 宽×高(像素) : 8×5
36   ------------------------------------------------ */
37      0x70,0x88,0x08,0x10,0x20,0x40,0x80,0xF8,
38   };
39
40   unsigned char code Matrix004[8] =
41   {
42   /* ------------------------------------------------
43   ; 源文件 / 文字: 3
44   ; 宽×高(像素) : 8×5
45   ------------------------------------------------ */
46      0x70,0x88,0x08,0x30,0x08,0x08,0x88,0x70,
47   };
48
49   unsigned char code Matrix005[8] =
50   {
```

```
51    / * --------------------------------------------------------
52    ; 源文件 / 文字 : 4
53    ; 宽 × 高(像素) : 8 × 6
54    ------------------------------------------------------- * /
55        0x08,0x18,0x28,0x48,0x88,0xFC,0x08,0x08,
56    };
57
58    unsigned char code Matrix006[8] =
59    {
60    / * --------------------------------------------------------
61    ; 源文件 / 文字 : 5
62    ; 宽 × 高(像素) : 8 × 5
63    ------------------------------------------------------- * /
64        0xF8,0x80,0x80,0xF0,0x08,0x08,0x88,0x70,
65    };
66
67    unsigned char code Matrix007[8] =
68    {
69    / * --------------------------------------------------------
70    ; 源文件 / 文字 : 6
71    ; 宽 × 高(像素) : 8 × 5
72    ------------------------------------------------------- * /
73        0x30,0x40,0x80,0xF0,0x88,0x88,0x88,0x70,
74    };
75
76    unsigned char code Matrix008[8] =
77    {
78    / * --------------------------------------------------------
79    ; 源文件 / 文字 : 7
80    ; 宽 × 高(像素) : 8 × 5
81    ------------------------------------------------------- * /
82        0xF8,0x08,0x10,0x10,0x20,0x20,0x40,0x40,
83    };
84
85    unsigned char code Matrix009[8] =
86    {
87    / * --------------------------------------------------------
88    ; 源文件 / 文字 : 8
89    ; 宽 × 高(像素) : 8 × 5
90    ------------------------------------------------------- * /
91        0x70,0x88,0x88,0x70,0x88,0x88,0x88,0x70,
92    };
93
94    unsigned char code Matrix010[8] =
95    {
96    / * --------------------------------------------------------
97    ; 源文件 / 文字 : 9
```

```
98    ; 宽 × 高(像素) : 8 × 5
99    ---------------------------------------------- * /
100     0x70,0x88,0x88,0x88,0x78,0x08,0x10,0x60,
101   };
102
103   unsigned char code end[8] = {0};
104
105   void t0() interrupt 1
106   {
107        TH0 = - 50000 >> 8;
108        TL0 = - 50000;
109        if(++cnt > 19)
110        {
111           cnt = 0;
112           sec = 1;
113        }
114   }
115
116   void send_595(unsigned char n)
117   {
118   unsigned char i;
119
120        for(i = 0;i < 8;i++)
121        {
122            if(n&0x80)
123              dat = 1;
124            else
125              dat = 0;
126
127           clk = 0;
128           clk = 1;
129           n << = 1;
130        }
131
132        lock = 0;
133        lock = 1;
134   }
135
136   void t1() interrupt 3
137   {
138
139       TH1 = - 2000 >> 8;
140       TL1 = - 2000;
141
142       if(++pos > 7)
143         pos = 0;
144
```

```
145         send_595(0);
146         P2 = 7 - pos;                    //如果直接写 pos,效果会如何
147         send_595((*(p + pos)));
148         lock = 0;
149         lock = 1;
150    }
151
152    void delay()
153    {
154        unsigned char i, j;
155
156        for(i = 0; i < 4; i++)
157            for(j = 0; j < 100; j++);
158    }
159
160    void init_t0()
161    {
162        TH0 = -50000 >> 8;
163        TL0 = -50000;
164        TMOD| = 0x01;
165        IE| = 0x82;
166    }
167
168    void init_t1()
169    {
170        TH1 = -5000 >> 8;
171        TL1 = -5000;
172        TMOD| = 0x10;
173        IE| = 0x88;
174    }
175
176    void main()
177    {
178        init_t0();
179        init_t1();
180
181        TR0 = TR1 = 1;
182        p = Matrix001;
183
184        while(1)
185        {
186            if(sec)
187            {
188                sec = 0;
189                p += 8;
190                if(p > end)
191                    p = Matrix001;
192            }
193        }
194    }
```

12.2.4　16×16 点阵驱动

一片 16×16 点阵可以由 4 个 8×8 点阵拼接而成,如图 12.10 所示。如果直接将系统默认的 4 个 8×8 模块进行组合,则会出现在拼接处(第 8 行)的引脚被遮挡的情况,这样在最终显示汉字时引脚上的电平指示会与点阵(第 8 行)显示信息干扰。如何解决该问题呢?

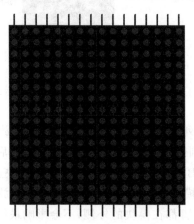

图 12.10　由 4 片 8×8 点阵组成的 16×16 点阵

在 Proteus 中,8×8 点阵的引脚默认采用上下分布,如图 12.11(a)所示。现在将最上排的引脚移到最左列,如图 12.11(b)所示。具体操作步骤如下。

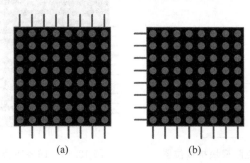

(a)　　　　　　　(b)

图 12.11　8×8 点阵引脚移动前后对照

选中 8×8 点阵模块,再单击菜单栏上的 Library 命令,在下拉菜单命令中选择 Decompose,如图 12.12 所示。此时,8×8 点阵模块被打散,效果如图 12.13 所示。

对打散后的 8×8 点阵模块进行操作。选中最上排的 8 个引脚,然后利用旋转工具沿 X 轴镜像,然后再次利用旋转工具旋转 90°,把它放置在点阵模块的左侧。全选打碎后的模块,再单击菜单栏的 Library 命令,在下拉菜单中选择 MakeDevice,创建一个新器件,器件的名字命名为 8×8,然后单击 Next 按钮,再单击 OK 按钮创建完成。此时,在器件列表中出现了一个新的器件 8×8。选中列表中的 8×8 器件,将其放到绘图区,至此完成了 8×8 点阵引脚的位置更改。

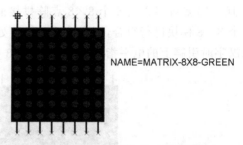

NAME=MATRIX-8X8-GREEN

图 12.12　元件分解工具　　　　　　　图 12.13　打散后的 8×8 点阵模块

　　接下来做拼接。在元件列表中选中新建的 8×8 模块,放置到绘图区域的 A 位置,如图 12.14 所示;再次在元件列表中选中新建的 8×8 模块,然后选择 X 轴镜像按钮,再将镜像之后的模块放在绘图区的 B 位置;继续选中 8×8 点阵模块进行 Y 轴镜像,将生成的模块放在 D 位置,再次选中 8×8 模块做 X 轴镜像,将生成的模块放置在 C 位置。这样做可以保证 16×16 点阵模块的所有引脚都在模块的外侧,不会影响最终的仿真效果。最终模块连接效果如图 12.15 所示。

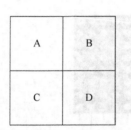

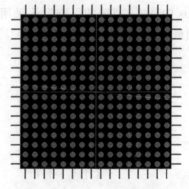

图 12.14　16×16 点阵模块拼接位置　　　　图 12.15　16×16 点阵模块

　　完成 16×16 点阵拼接后,将 16×16 点阵复制一份,从而形成两个 16×16 点阵,添加 74HC595 用于驱动点阵的列。由于两片 16×16 点阵,一共有 32 个列,因此,添加 4 片 74HC595 进行驱动。将每一片 74HC595 的输出线 Q7 到 Q0 连接到对应的 16×16 点阵的列线上。每一个 74HC595 的输出端与两片 16×16 点阵的各个列相连。行直接连接在单片机的引脚上,本例选择 P1 口连接行的低 8 位,用 P2 口连接行的高 8 位。所有引线均采用网络标号方式进行,最终效果如图 12.16 所示。

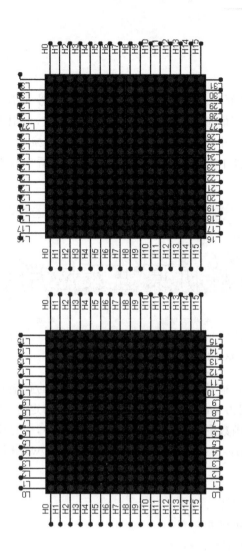

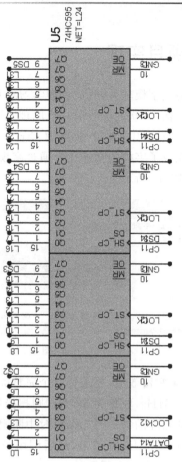

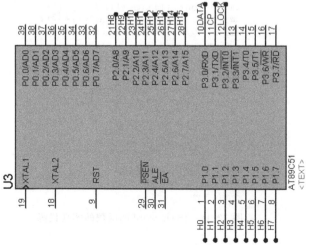

图 12.16 点阵汉字显示原理图

12.3 项目实现

首先,通过字模软件获得"欢迎学习单片机原理及应用"的字模数据。将字号大小修改为小四,然后输入"欢迎学习单片机原理及应用"信息,然后单击"生成字模"按钮,再把生成的字模复制到项目中。按下快捷键 Ctrl＋H,将中括号替换为[32]＝,单击"替换所有"按钮,这样就完成了字模的初始化。通过字模软件下方的"像素编辑"按钮可以查看字模点阵预览,如图 12.17 所示。

图 12.17 产生汉字模信息

根据视觉暂留效应,要求每一个完整屏幕扫描频率要超过 24Hz,则每一行的扫描频率为 24×16＝384Hz,取整为 500Hz,则扫描周期为 2ms。利用定时器产生 2ms 的定时,用于刷新 16×16 点阵的每一行。在定时中断服务函数中,令 fresh 为 1。在主函数中,一旦检测到 fresh 为 1,则将 fresh 清零,然后调用函数 fresh_word 刷新点阵显示。fresh_word 函数的实现代码如图 12.18 所示。

```
216 void fresh_word()
217 {
218     unsigned char buf[4];
219
220     buf[0]=*(p+(line<<1));
221     buf[1]=*(p+(line<<1)+1);
222     buf[2]=*(p+(line<<1)+32);
223     buf[3]=*(p+(line<<1)+33);
224
225     for(i=3;i>=0;i--)
226       SendData(buf[i]);
227
228     P2=P1=0XFF;//消隐
229     temp=~(1<<line);
230     P1=temp;
231     P2=temp>>8;
232     LOCK=0;
233     LOCK=1;
234
235     if(++line>15)
236       line=0;
237 }
```

图 12.18 fresh_word 的函数的实现代码

首先,定义一个缓冲数组 buf,长度为 4 字节,用于保存显示点阵信息。由于硬件上有两个 16×16 模块,可同时显示两个汉字,因此,每行包括 32 个列的信息。点阵信息在代码段中是按顺序存放的,每 32 字节对应一个汉字的字模信息。变量 line 表示当前正在扫描的行号,因为每行对应两个字节,因此,line 与字节存放的顺序是 2 倍关系。因此,在第 220 行代码利用 buf[0] 保存当前行的第一个字节,其中指针 p 用于指向正在显示的汉字的首地址,line 左移 1 次,代表扩大 2 倍。此处没有用乘法来扩大 2 倍,而是用移位运算,是因为移位运算的计算速度快,以免由于执行乘法运算的时间过长而影响显示效果。第 221 行代码中 buf[1] 保存指针 p 所指向的下一字节,所以在上一字节的基础上再加一即可。buf[2] 和 buf[3] 保存下一字的当前行信息,由于相邻两个字之间相差 32 字节,所以要把指针 p 加上 line 左移 1 次后再加上 32。同理,buf[3] 保存下一个字当前行的第二个字节的信息。完成了 buf 的赋值后,将 buf 中的数值逆序传输到 74HC595 中,见第 225~226 行代码所示。

第 228 行代码将 P1 口和 P2 口赋值为高电平,即令各行都熄灭,用于进行消隐操作。第 229 行代码用于获得行信息,然后将 temp 的值拆分成高 8 位和低 8 位,其中低 8 位保存到 P1 中,高 8 位保存到 P2 中。第 232~233 行代码用于在锁存引脚产生上升沿信号。第 235~236 行代码为下一次刷新行和列信息做准备,将 line 增 1,如果行号大于 15,则行号清零。

主函数代码如图 12.19 所示。为了让点阵显示屏实现动态内容切换,利用定时器产生秒标志 sec,然后在主函数中扫描,如果 sec 为 1,则令 sec 清零,然后进行消隐,即令 P1 口和 P2 口的值等于 0xFF,关闭显示屏,再将指针 p 的值加 32,可以实现屏幕每秒切换一个字。如果要实现每两个字一组进行切换显示,此处可以令 p 增加 64。仿照 8×8 点阵程序,还需判断指针 p 的位置,如果指针 p 大于或等于最后一个汉字的末尾地址 end,那么指针 p 应恢复初值。程序运行后的效果如图 12.20 所示。

```
239  void main()
240  {
241      p=Matrix001;
242
243      init_t0();
244      init_t1();
245      fresh_time=20;
246
247      while(1)
248      {
249
250          if(sec)
251          {
252              sec=0;
253
254              P2=P1=0xFF;//消隐
255              p+=32;
256              if(p>=end)
257                  p=Matrix001;
258          }
259
260          if(fresh)
261          {
262              fresh=0;
263              fresh_word();
264          }
265      }
266  }
```

图 12.19　主函数 main 的实现代码

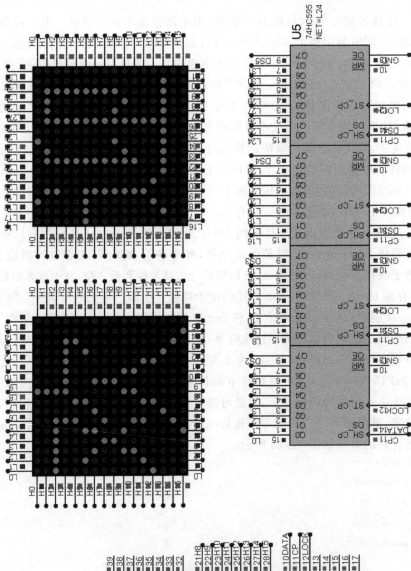

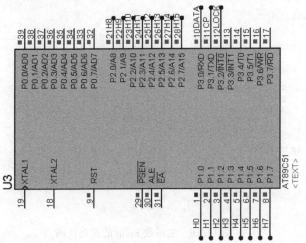

图 12.20　程序运行后的效果截图

12.4　项目代码

参考代码如下：

```
1    # include < reg51.h >
2
3    sbit SET = P3^3;
4    sbit ADD = P3^5;
5    sbit SUB = P3^7;
6    sbit LOCK = P3^2;
7
8    # define Total 2          //汉字个数
9
10   unsigned char cnt, line, cnt2, fresh_time, * p;
11   bit sec, key_mark, fresh, state;
12   unsigned int temp, shift;
13   char i, j;
14
15   union
16   {
17      unsigned long t;
18      unsigned char buf[4];
19   }word;
20
21   unsigned char code Matrix001[32] =
22   {
23   / * -----------------------------------------------------
24   ; 源文件 / 文字: 欢
25   ; 宽×高(像素) : 16×15
26   ------------------------------------------------- * /
27      0x00, 0x80, 0x00, 0x80, 0xFC, 0x80, 0x04, 0xFC,
28      0x05, 0x04, 0x49, 0x08, 0x2A, 0x40, 0x14, 0x40,
29      0x10, 0x40, 0x28, 0xA0, 0x24, 0xA0, 0x45, 0x10,
30      0x81, 0x10, 0x02, 0x08, 0x04, 0x04, 0x08, 0x02,
31   };
32
33   unsigned char code Matrix002[32] =
34   {
35   / * -----------------------------------------------
36   ; 源文件 / 文字: 迎
37   ; 宽×高(像素) : 14×15
38   ------------------------------------------------- * /
39      0x20, 0x80, 0x13, 0x3C, 0x12, 0x24, 0x02, 0x24,
40      0x02, 0x24, 0xF2, 0x24, 0x12, 0x24, 0x12, 0x24,
41      0x12, 0xB4, 0x13, 0x28, 0x12, 0x20, 0x10, 0x20,
```

```
42        0x28,0x20,0x47,0xFE
43    };
44
45    unsigned char code Matrix003[32] =
46    {
47    /* ----------------------------------------------------
48    ; 源文件 / 文字：学
49    ; 宽×高(像素)：16×15
50    ---------------------------------------------------- */
51        0x22,0x08,0x11,0x08,0x11,0x10,0x00,0x20,
52        0x7F,0xFE,0x40,0x02,0x80,0x04,0x1F,0xE0,
53        0x00,0x40,0x01,0x80,0xFF,0xFE,0x01,0x00,
54        0x01,0x00,0x01,0x00,0x05,0x00,0x02,0x00,
55    };
56
57    unsigned char code Matrix004[32] =
58    {
59    /* ----------------------------------------------------
60    ; 源文件 / 文字：习
61    ; 宽×高(像素)：15×12
62    ---------------------------------------------------- */
63        0xFF,0xF0,0x00,0x10,0x00,0x10,0x10,0x10,
64        0x08,0x10,0x04,0x10,0x04,0x10,0x00,0xD0,
65        0x03,0x10,0x1C,0x10,0xE0,0x10,0x40,0x10,
66        0x00,0x10,0x00,0xA0,0x00,0x40
67    };
68
69    unsigned char code Matrix005[32] =
70    {
71    /* ----------------------------------------------------
72    ; 源文件 / 文字：单
73    ; 宽×高(像素)：16×15
74    ---------------------------------------------------- */
75        0x10,0x10,0x08,0x20,0x04,0x40,0x3F,0xF8,
76        0x21,0x08,0x21,0x08,0x3F,0xF8,0x21,0x08,
77        0x21,0x08,0x3F,0xF8,0x01,0x00,0x01,0x00,
78        0xFF,0xFE,0x01,0x00,0x01,0x00,0x01,0x00,
79    };
80
81    unsigned char code Matrix006[32] =
82    {
83    /* ----------------------------------------------------
84    ; 源文件 / 文字：片
85    ; 宽×高(像素)：16×13
86    ---------------------------------------------------- */
87        0x00,0x80,0x20,0x80,0x20,0x80,0x20,0x80,
88        0x20,0x80,0x3F,0xF8,0x20,0x00,0x20,0x00,
```

```
89      0x20,0x00,0x3F,0xC0,0x20,0x40,0x20,0x40,
90      0x20,0x40,0x40,0x40,0x40,0x40,0x80,0x40,
91    };
92
93    unsigned char code Matrix007[32] =
94    {
95    /* ---------------------------------------------------
96    ; 源文件 / 文字：机
97    ; 宽×高(像素)：16×15
98    --------------------------------------------------- */
99      0x10,0x00,0x11,0xF0,0x11,0x10,0x11,0x10,
100     0xFD,0x10,0x11,0x10,0x31,0x10,0x39,0x10,
101     0x55,0x10,0x55,0x10,0x91,0x10,0x11,0x12,
102     0x11,0x12,0x12,0x12,0x12,0x0E,0x14,0x00,
103   };
104
105   unsigned char code Matrix008[32] =
106   {
107   /* ---------------------------------------------------
108   ; 源文件 / 文字：原
109   ; 宽×高(像素)：15×15
110   --------------------------------------------------- */
111     0x3F,0xFE,0x20,0x80,0x21,0x00,0x27,0xF0,
112     0x24,0x10,0x24,0x10,0x27,0xF0,0x24,0x10,
113     0x24,0x10,0x27,0xF0,0x20,0x80,0x24,0x90,
114     0x48,0x88,0x52,0x84,0x81,0x00
115   };
116
117   unsigned char code Matrix009[32] =
118   {
119   /* ---------------------------------------------------
120   ; 源文件 / 文字：理
121   ; 宽×高(像素)：14×15
122   --------------------------------------------------- */
123     0x01,0xFC,0xFD,0x24,0x11,0x24,0x11,0xFC,
124     0x11,0x24,0x11,0x24,0x7D,0xFC,0x10,0x20,
125     0x10,0x20,0x11,0xFC,0x10,0x20,0x1C,0x20,
126     0xE0,0x20,0x43,0xFE
127   };
128
129   unsigned char code Matrix010[32] =
130   {
131   /* ---------------------------------------------------
132   ; 源文件 / 文字：及
133   ; 宽×高(像素)：15×15
134   --------------------------------------------------- */
135     0x3F,0xE0,0x08,0x20,0x08,0x20,0x08,0x40,
```

```
136        0x08,0x40,0x0C,0xF8,0x0A,0x08,0x0A,0x08,
137        0x09,0x10,0x11,0x10,0x10,0xA0,0x20,0x40,
138        0x20,0xA0,0x43,0x18,0x8C,0x06
139    };
140
141    unsigned char code Matrix011[32] =
142    {
143    /* ----------------------------------------------------
144    ; 源文件 / 文字：应
145    ; 宽 × 高（像素）：15 × 15
146    ---------------------------------------------------- */
147        0x01,0x00,0x00,0x80,0x3F,0xFE,0x20,0x00,
148        0x20,0x00,0x21,0x04,0x28,0x84,0x24,0x84,
149        0x24,0x48,0x22,0x48,0x22,0x10,0x22,0x10,
150        0x40,0x20,0x40,0x40,0x9F,0xFE
151    };
152
153    unsigned char code Matrix012[32] =
154    {
155    /* ----------------------------------------------------
156    ; 源文件 / 文字：用
157    ; 宽 × 高（像素）：15 × 13
158    ---------------------------------------------------- */
159        0x3F,0xF8,0x21,0x08,0x21,0x08,0x21,0x08,
160        0x3F,0xF8,0x21,0x08,0x21,0x08,0x21,0x08,
161        0x3F,0xF8,0x21,0x08,0x21,0x08,0x21,0x08,
162        0x41,0x08,0x41,0x28,0x80,0x10
163    };
164
165    unsigned char code end[64];
166
167    void t0() interrupt 1
168    {
169        TH0 = - 50000 >> 8;
170        TL0 = - 50000;
171
172        if(++cnt == fresh_time)
173        {
174            sec = 1;
175            cnt = 0;
176        }
177    }
178
179    void t1() interrupt 3
180    {
181        TH1 = 0xF8;              //1000μs
182        TL1 = 0x30;
```

```
183      fresh = 1;                   //刷新行标志
184  }
185
186  void SendData(unsigned char n)
187  {
188      SBUF = n;
189      while(!TI);
190      TI = 0;
191  }
192
193  void init_t0()
194  {
195      TMOD| = 0x01;
196      IE| = 0x82;
197      TR0 = 1;
198  }
199
200  void init_t1()
201  {
202      TMOD| = 0x10;
203      IE| = 0x88;
204      TR1 = 1;
205  }
206
207  void fresh_word()
208  {
209      unsigned char buf[4];
210
211      buf[0] = * (p + (line << 1));
212      buf[1] = * (p + (line << 1) + 1);
213      buf[2] = * (p + (line << 1) + 32);
214      buf[3] = * (p + (line << 1) + 33);
215
216      for(i = 3;i > = 0;i -- )
217        SendData(buf[i]);
218
219      P2 = P1 = 0xFF;              //消隐
220      temp = ~(1 << line);
221      P1 = temp;
222      P2 = temp >> 8;
223      LOCK = 0;
224      LOCK = 1;
225
226      if(++line > 15)
227        line = 0;
228  }
229
```

```
230  void main()
231  {
232      p = Matrix001;
233      init_t0();
234      init_t1();
235      fresh_time = 20;
236      while(1)
237      {
238          if(sec)
239          {
240              sec = 0;
241
242              P2 = P1 = 0xFF;   //消隐
243              p += 32;
244              if(p >= end)
245                  p = Matrix001;
246          }
247
248          if(fresh)
249          {
250              fresh = 0;
251              fresh_word();
252          }
253      }
254  }
```

12.5　项目总结

本项目介绍了 LED 点阵显示屏的工作原理和驱动方法,重点介绍了 8×8 点阵和 $16\times$ 16 点阵的驱动过程。

思考问题:

(1) 如何完成双色显示屏的驱动?

(2) 如何将该系统进行扩展,实现更大尺寸的点阵显示屏?

12.6　习题

1. 8×8 点阵由( )个发光二极管组成。

    A. 8　　　　　　　　　B. 16　　　　　　　　　C. 32　　　　　　　　　D. 64

2. 点阵显示利用了( )原理。

    A. 视觉暂留　　　　　B. 动态显示　　　　　C. 静态显示

3. 点阵显示时,若"行"扫描信号顺序弄反了,则显示字形将( )。

　　A. 上下颠倒　　　　　B. 左右颠倒

4. 点阵显示时,若"列"扫描信号顺序弄反了,则显示字形将(　　)。

　　A. 上下颠倒　　　　　B. 左右颠倒

5. 保存点阵字形码的变量声明中利用了 code 关键字,它的作用是(　　)。

　　A. 将字形码视为常量　　　　　　B. 将字形码保存到代码段

　　C. 节省内存　　　　　　　　　　D. 均为正确答案

6. 独立 LED 点阵模块的尺寸有(　　)。

　　A. 4×4　　　　　B. 5×8　　　　　C. 8×8　　　　　D. 16×16

7. 常见的 LED 显示屏可以显示的颜色包括(　　)。

　　A. 红　　　　　B. 黄　　　　　C. 绿　　　　　D. 橙

8. 一般采用(　　)点阵来显示独立的汉字。

　　A. 8×8　　　　　B. 16×16　　　　　C. 32×32　　　　　D. 64×64

9. 点阵显示模块的最小单元为发光二极管。(　　)

　　A. 对　　　　　B. 错

10. 一般采用 64 个发光二极管点阵来显示独立的汉字。(　　)

　　A. 对　　　　　B. 错

项目十三　基于 LCD1602 的倒计时器的设计

本项目将介绍 LCD1602 的工作原理和编程方法,并基于 LCD1602 实现倒计时器的设计。

13.1　项目目标

学习目标:掌握 LCD1602 的使用方法。

学习任务:设计一款基于 LCD1602 的倒计时器。

实施条件:单片机、LCD1602、按键等。

13.2　准备工作

13.2.1　LCD 点阵原理

液晶显示器(Liquid Crystal Display,LCD)按其功能可分为 3 类:笔段式液晶显示器、字符点阵式液晶显示器和图形点阵式液晶显示器。其中,字符点阵式 LCD 有 16 字 1 行、16 字 2 行、20 字 2 行和 40 字 2 行等型号。这些 LCD 具有相同的输入输出界面。字符点阵式液晶显示模块 RT-1602C 的外观与引脚如图 13.1 所示。

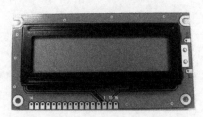

图 13.1　LCD RT-1602C 外观与引脚

RT-1602C 采用标准的 16 脚接口,各引脚说明如下。

1 引脚:VSS,电源地。

2 引脚:VDD,+5V 电源。

3 引脚：VL,液晶显示偏压信号。

4 引脚：RS,数据/命令选择端,高电平时选择数据寄存器,低电平时选择指令寄存器。

5 引脚：R/W,读/写选择端,高电平时进行读操作,低电平时进行写操作。当 RS 和 R/W 共同为低电平时,可以写入指令或者显示地址；当 RS=0,R/W=1 时,可以读忙信号；当 RS=1,R/W=0 时,可以写入数据。

6 引脚：E 端为使能端,当 E 端由高电平跳变成低电平时,液晶模块执行命令。

7~14 引脚：D0~D7,为 8 位双向数据线。

15 引脚：BLA,背光源正极

16 引脚：BLK,背光源负极

液晶显示模块 RT-1602C 的内部结构可以分成三部分：LCD 控制器、LCD 驱动器和 LCD 显示装置,如图 13.2 所示。

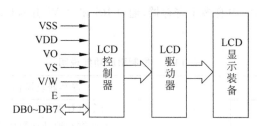

图 13.2 LCD RT-1602C 内部结构图

LCD RT-1602C 的控制器采用 HD44780,驱动器采用 HD44100。HD44780 集成电路的特点如下。

(1) 可选择 5×7 或 5×10 点字符。

(2) 不仅作为控制器而且还具有驱动 40×16 点阵液晶像素的能力。

(3) 内藏显示缓冲区 DDRAM、字符发生存储器(ROM)及用户自定义的字符发生器 CGRAM。

(4) 有 80 个字节的显示缓冲区,分两行,地址分别为 00H~27H、40H~67H,实际显示位置的排列顺序与 LCD 的型号有关,液晶显示模块 RT-1602C 的显示地址与实际显示位置的关系如图 13.3 所示。

HD44780 内藏的字符发生存储器(ROM)已经存储了 160 个不同的点阵字符图形,这些字符有阿拉伯数字、英文字母的大小写、常用的符号、和日文假名等,每一个字符都有一个固定的代码。比如数字 1 的代码是 00110001B(31H),又如大写的英文字母 A 的代码是 01000001B(41H),英文字母的代码与 ASCII 编码相同。要显示 1 时,只需将 ASCII 码 31H 存入 DDRAM 指定位置,显示模块将在相应的位置把数字 1 的点阵字符图形显示出来。

(1) 具有 8 位数据和 4 位数据传输两种方式,可与 4/8 位 CPU 相连。

(2) 具有简单而功能较强的指令集,可实现字符移动、闪烁等显示功能。

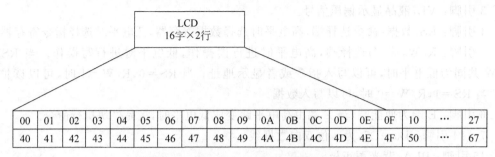

图 13.3　LCD RT-1602C 显示缓冲区地址

13.2.2　LCD1602 写时序

LCD 控制器 HD44780 内有多个寄存器,通过 RS 和 R/W 引脚共同决定其功能,如表 13.1 所示。

表 13.1　控制引脚功能说明

RS	R/W	寄存器及操作
0	0	指令寄存器写入
0	1	忙标志和地址计数器读出
1	0	数据寄存器写入
1	1	数据寄存器读出

LCD1602 的写时序如图 13.4 所示,符号说明如表 13.2 所示。LCD1602 的写命令或数据步骤如下。

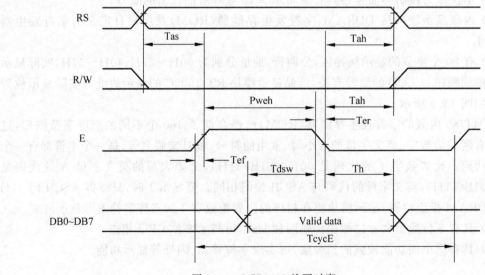

图 13.4　LCD1602 的写时序

（1）确定 RS 值。RS＝0 表示传输指令，RS＝1 表示传输数据。

（2）确定 R/W 值。R/W＝1 表示读操作，R/W＝0 表示写操作。

（3）将数据传输到总线 DB0～DB7。

（4）将 E 变为高电平，延时后，再将 E 变为低电平。

表 13.2　LCD1602 写时序中的符号说明

含　义	符　号	最小值/ns	最大值/ns
使能周期	TcycE	1000	—
使能脉冲宽度	Pweh	450	—
使能升降时间	Tef,Tef	—	25
地址建立时间	Tas	140	—
地址保持时间	Tah	10	—
数据建立时间	Tdsw	195	—
数据保持时间	Th	10	—

根据 LCD1602 的写时序，编写驱动函数如图 13.5 所示。其中，delay1ms 函数用于实现延时，wr_com 函数用于实现写指令功能，wr_dat 函数用于实现写数据功能。

```
46  void delay1ms(unsigned int n)//延时1ms
47  {
48      unsigned int i,j;
49
50      for(i=0;i<n;i++)
51          for(j=0;j<100;j++);
52  }
53
54  void wr_com(unsigned char com)//1602写指令
55  {
56      RS=0;
57      RW=0;
58      E=0;
59      P1=com;
60      delay1ms(1);
61      E=1;
62      delay1ms(1);
63      E=0;
64  }
65
66  void wr_dat(unsigned char dat)//1602写数据
67  {
68      RS=1;
69      RW=0;
70      E=0;
71      P1=dat;
72      delay1ms(1);
73      E=1;
74      delay1ms(1);
75      E=0;
76  }
```

图 13.5　LCD1602 的驱动函数

13.2.3 指令格式与指令功能

(1) 清屏命令,如表 13.3 所示。

表 13.3 清屏命令

RS	R/W	D7	D6	D5	D4	D3	D2	D1	D0
0	0	0	0	0	0	0	0	0	1

功能:清除屏幕,将显示缓冲区 DDRAM 的内容全部写入空格(ASCII20H)。光标复位,回到显示器的左上角。地址计数器 AC 清零。

(2) 光标复位命令,如表 13.4 所示。

表 13.4 光标复位命令

RS	R/W	D7	D6	D5	D4	D3	D2	D1	D0
0	0	0	0	0	0	0	0	1	0

功能:光标复位,回到显示器的左上角。地址计数器 AC 清零,显示缓冲区 DDRAM 的内容不变。

(3) 输入方式设置命令,如表 13.5 所示。

表 13.5 输入方式设置命令

RS	R/W	D7	D6	D5	D4	D3	D2	D1	D0
0	0	0	0	0	0	0	1	I/D	S

功能:设定当写入 1 字节后,光标的移动方向以及后面的内容是否移动。当 I/D=1 时,光标从左向右移动;I/D=0 时,光标从右向左移动。当 S=1 时,内容移动,S=0 时,内容不移动。

(4) 显示开关控制命令,如表 13.6 所示。

表 13.6 显示开关控制命令

RS	R/W	D7	D6	D5	D4	D3	D2	D1	D0
0	0	0	0	0	0	1	D	C	B

功能:控制显示的开关,当 D=1 时显示,D=0 时不显示。控制光标开关,当 C=1 时光标显示,C=0 时光标不显示。控制字符是否闪烁,当 B=1 时字符闪烁,B=0 时字符不闪烁。

（5）光标移位置命令，如表 13.7 所示。

表 13.7　光标位置命令

RS	R/W	D7	D6	D5	D4	D3	D2	D1	D0
0	0	0	0	0	1	S/C	R/L	—	—

功能：移动光标或整个显示字幕移位。当 S/C＝1 时整个显示字幕移位，当 S/C＝0 时光标移位。当 R/L＝1 时光标右移，R/L＝0 时光标左移。

（6）功能设置命令，如表 13.8 所示。

表 13.8　功能设置命令

RS	R/W	D7	D6	D5	D4	D3	D2	D1	D0
0	0	0	0	1	DL	N	F	—	—

功能：设置数据位数，当 DL＝1 时数据位为 8 位，DL＝0 时数据位为 4 位。设置显示行数，当 N＝1 时双行显示，当 N＝0 时单行显示。设置字形大小，当 F＝1 时为 5×10 点阵，当 F＝0 时为 5×7 点阵。

（7）设置字库 CGRAM 地址命令，如表 13.9 所示。

表 13.9　设置字库 CGRAM 地址命令

RS	R/W	D7	D6	D5	D4	D3	D2	D1	D0
0	0	0	1	CGRAM 的地址					

功能：设置用户自定义 CGRAM 的地址，对用户自定义 CGRAM 访问时，要先设定 CGRAM 的地址，地址范围为 0～63。

（8）显示缓冲区 DDRAM 地址设置命令，如表 13.10 所示。

表 13.10　显示缓冲区 DDRAM 地址设置命令

RS	R/W	D7	D6	D5	D4	D3	D2	D1	D0
0	0	1	DDRAM 的地址						

功能：设置当前显示缓冲区 DDRAM 的地址，对 DDRAM 访问时，要先设定 DDRAM 的地址，地址范围为 0～127。

（9）读忙标志及地址计数器 AC 命令，如表 13.11 所示。

表 13.11　读忙标志及地址计数器 AC 命令

RS	R/W	D7	D6	D5	D4	D3	D2	D1	D0
0	1	BF	AC 的值						

功能：读忙标志及地址计数器 AC，BF＝1 表示忙，这时不能接收命令和数据；BF＝0 表示不忙。低 7 位为读出的 AC 的地址，值为 0～127。

（10）写 DDRAM 或 CGRAM 命令，如表 13.12 所示。

表 13.12 写 DDRAM 或 CGRAM 命令

RS	R/W	D7	D6	D5	D4	D3	D2	D1	D0
1	0				写入的数据				

功能：向 DDRAM 或 CGRAM 当前位置中写入数据。对 DDRAM 或 CGRAM 写入数据之前须设定 DDRAM 或 CGRAM 的地址。

（11）读 DDRAM 或 CGRAM 命令，如表 13.13 所示。

表 13.13 读 DDRAM 或 CGRAM 命令

RS	R/W	D7	D6	D5	D4	D3	D2	D1	D0
1	1				读出的数据				

功能：从 DDRAM 或 CGRAM 当前位置中读出数据。当 DDRAM 或 CGRAM 读出数据时，先须设定 DDRAM 或 CGRAM 的地址。

13.3 项目实现

LCD 使用之前须对它进行初始化，代码如图 13.6 所示。

```
78   void lcd_init()//初始化设置//
79   {
80       delay1ms(15);
81
82       wr_com(0x38);delay1ms(5);    //8位数据位，2行 5×7点阵显示
83       wr_com(0x06);delay1ms(5);    //输入1字节后光标向右移动
84       wr_com(0x0c);delay1ms(5);    //打开显示
85       wr_com(0x01);delay1ms(5);    //清屏
86   }
87
```

图 13.6 LCD1602 的初始化函数

利用 RT-1602C 实现倒计时器的仿真效果如图 13.7 所示。RT-1602C 的数据线与单片机的 P1 相连，RS 与单片机的 P3.7 相连，R/W 与 P3.6 相连，E 端与 P3.5 相连，SET 键与 P2.0 相连，ADD 键与 P2.3 相连，SUB 键与 P2.6 相连。在 LCD 显示器的第 1 行、第 1 列开始显示 Running!，第 2 行、第 5 列开始显示当前剩余的时间，利用按键可以实现当前时间的调整。

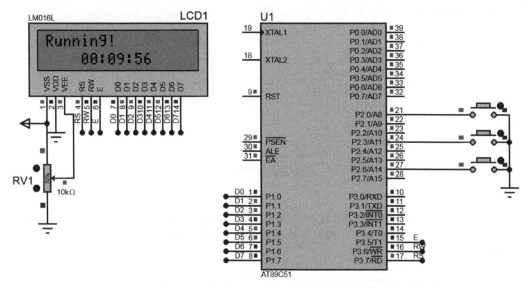

图 13.7 基于 LCD1602 的倒计时器的设计

13.4 项目代码

参考代码如下：

```
1    # include < reg51.h >
2
3    sbit RS = P3^7;
4    sbit RW = P3^6;
5    sbit E = P3^5;
6
7    sbit SET = P2^0;
8    sbit ADD = P2^3;
9    sbit SUB = P2^6;
10
11   char cnt,hour,minute,second,state;
12   bit sec,key_mark;
13   char t[] = "00:00:00";
14
15   void wr_com(unsigned char com);                      //1602 写命令
16   void wr_dat(unsigned char dat);                      //1602 写数据
17   void lcd_init();                                     //1602 初始化
18   void delay1ms(unsigned int ms);                      //延时 1ms
19   void display(unsigned char * p);                     //字符串显示
20   void display_xy_string(char x,char y,unsigned char * p); //在 x 行 y 列显示一个字符串
21   void display_xy_num(char x,char y,unsigned int tvalue); //在 x 行 y 列显示一个整数
```

```
22    void key();
23
24    void delay()
25    {
26        unsigned char i,j;
27        for(i = 0;i < 4;i++)
28            for(j = 0;j < 100;j++)
29            ;
30    }
31
32    void display_xy_string(char x,char y,unsigned char * p)
33    {
34        if(x == 0)
35          wr_com(0x80 + y);    /* 由于 DDRAM 地址设置命令中的 D7 位为 1,因此第一行的起始地
                                    址为 0x80,再加上 y,则为第一行第 y 列 */
36
37        else
38          wr_com(0xc0 + y);
39         display(p);
40    }
41
42    void delay1ms(unsigned int ms)
43    {
44        unsigned int i,j;
45
46        for(i = 0;i < ms;i++)
47            for(j = 0;j < 100;j++);
48    }
49
50    void wr_com(unsigned char com)
51    {
52        RS = 0;
53        RW = 0;
54        E = 0;
55        P1 = com;
56        delay1ms(1);
57        E = 1;
58        delay1ms(1);
59        E = 0;
60    }
61
62    void wr_dat(unsigned char dat)
63    {
64        RS = 1;
65        RW = 0;
66        E = 0;
67        P1 = dat;
```

```
68        delay1ms(1);
69        E = 1;
70        delay1ms(1);
71        E = 0;
72    }
73
74    void lcd_init()
75    {
76        delay1ms(15);
77        wr_com(0x38);delay1ms(5);        //8位数据位,2行5×7点阵显示
78        wr_com(0x06);delay1ms(5);        //输入1字节后光标向右移动
79        wr_com(0x0C);delay1ms(5);        //打开显示
80        wr_com(0x01);delay1ms(5);        //清屏
81    }
82
83    void display(unsigned char * p)
84    {
85        while( * p!= '\0')
86        {
87            wr_dat( * p);
88            p++;
89            delay1ms(1);
90        }
91    }
92
93    void key()
94    {
95        if(!SET)
96        {
97            if(++state > 3)
98                state = 0;
99
100           if(state == 0)
101             TR0 = 1;
102           else
103             TR0 = 0;
104       }
105       else if(!ADD)
106       {
107           if(state == 1)
108           {
109             if(++hour > 23)
110             hour = 0;
111           }
112       else if(state == 2)
113           {
114               if(++minute > 59)
```

```
115            minute = 0;
116          }
117        else if( state == 3)
118        {
119          if( ++ second > 59)
120          second = 0;
121        }
122      }
123      else if(! SUB)
124      {
125      if( state == 1)
126        {
127          if( -- hour < 0)
128          hour = 23;
129        }
130        else if( state == 2)
131        {
132          if( -- minute < 0)
133          minute = 59;
134        }
135        else if( state == 3)
136        {
137          if( -- second < 0)
138          second = 59;
139        }
140      }
141
142      t[ 0 ] = hour/10 + 48;
143      t[ 1 ] = hour % 10 + 48;
144      t[ 3 ] = minute/10 + 48;
145      t[ 4 ] = minute % 10 + 48;
146      t[ 6 ] = second/10 + 48;
147      t[ 7 ] = second % 10 + 48;
148
149      display_xy_string(1,4,t);
150  }
151
152  void init_t0()
153  {
154      TH0 = - 50000 >> 8;
155      TL0 = - 50000;
156      TMOD = 0x01;
157      IE = 0x82;
158      TR0 = 1;
159  }
160
161  void t0() interrupt 1
```

```
162  {
163      TH0 = - 50000 >> 8;
164        TL0 = - 50000;
165        if(++cnt > 19)
166        {
167          cnt = 0;
168          sec = 1;
169          P3 = !P3;
170        }
171  }
172
173  void main()
174  {
175      hour = 0;
176      minute = 10;              //默认倒计时时间 10min
177      second = 0;
178
179      init_t0();               //初始化定时器
180      lcd_init();              //初始化液晶
181
182      display_xy_string(0,0,"Running!");
183      sec = 1;                 //用于立即触发时间显示
184
185  while(1)
186  {
187      if((!SET || !ADD || !SUB) && !key_mark)
188      {
189        delay();
190        if(!SET || !ADD || !SUB)
191        {
192          key();
193          key_mark = 1;
194        }
195      }
196      else if(SET && ADD && SUB )
197        key_mark = 0;
198
199      if(sec)
200      {
201          sec = 0;
202          if( -- second < 0)
203          {
204              if(!(hour == 0 && minute == 0))
205              {
206                  second = 59;
207                if( -- minute < 0)
208                  {
```

```
209                    if(hour!= 0)
210                    {
211                        minute = 59;
212                        -- hour;
213                    }
214                }
215            }
216            else
217            {
218                TR0 = 0;
219                second = 0;
220            }
221        }
222
223        t[0] = hour/10 + 48;
224        t[1] = hour % 10 + 48;
225        t[3] = minute/10 + 48;
226        t[4] = minute % 10 + 48;
227        t[6] = second/10 + 48;
228        t[7] = second % 10 + 48;
229        display_xy_string(1,4,t);
230    }
231 }
```

项目十四

基于实时操作系统实现
键控流水灯的设计

本项目将介绍实时操作系统的相关知识,并基于 RTX51Tiny 实现键控流水灯的设计。

14.1 项目目标

学习目标:掌握 LRTX51Tiny 的使用方法。

学习任务:设计基于 RTX51Tiny 的键控流水灯。

实施条件:单片机、LED、按键等。

14.2 准备工作

14.2.1 实时操作系统介绍

操作系统(Operating System,OS)是管理和控制计算机软件资源的计算机程序,是直接运行在"裸机"上的最基本的系统软件,任何其他软件都必须在操作系统的支持下才能运行。操作系统是用户和计算机的接口,同时也是计算机硬件和其他软件的接口。

操作系统的功能包括管理计算机系统的硬件、软件及数据资源,控制程序运行,改善人机界面,为其他应用软件提供支持,等等,使计算机系统所有资源最大限度地发挥作用,提供了各种形式的用户界面,使用户有一个好的工作环境,为其他软件的开发提供必要的服务和相应的接口。

实时操作系统(Real Time Operating System,RTOS)是指当外界事件或数据产生时能接收并以足够快的速度予以处理,其处理的结果又能在规定的时间内来控制生产过程或对处理系统做出快速响应,并控制所有实时任务协调一致运行的操作系统。因而,提供及时响应和高可靠性是其主要特点。实时操作系统有硬实时和软实时之分,硬实时要求在规定的时间内必须完成操作,这是在操作系统设计时必须保证的;软实时则只要按照任务的优先级,尽可能快地完成操作即可。

RTX51Tiny Version 2 是一款基于 MCS-51 单片机的 RTOS,允许设计实现在同一时间完成多功能或者运行多任务的操作系统。在嵌入式应用中,往往会在没有 RTOS 的条件下实现一个特定的实时程序(在一个单循环中实现一种或多种功能,或者运行一个或多个任务),这样的设计往往存在资源分配、运行时间以及程序维护的问题,因此 RTOS 应运而生。RTOS 可以更灵活有效地分配系统资源,例如 CPU 和存储器,同时也提供任务之间的通信。

RTX51Tiny 的程序设计可以使用标准 C 语言,并可以用 Keil 的 C51 编译器进行编译。利用 C51 附加的特性,可以很容易声明任务函数,却不需复杂的堆栈以及变量的配置。RTX51Tiny 的程序设计仅要求包含一个特定的头文件以及正确连接 RTX51 的库到用户的程序中。

14.2.2 RTX51Tiny 介绍

RTX51Tiny 的系统变量和应用程序的堆栈区总是位于 8051 的内部数据存储器(DATA 或者 IDATA)中,其应用程序往往选择 SMALL 内存模式。RTX51Tiny 采用合作式的任务调度(每一个任务都会调用一个内核函数)和时间轮转的任务调度(每一个任务在操作系统切换到下一个任务之前都运行一个固定的时间)。不支持有优先权的任务调度以及任务的优先级,如果用户的应用需使用到有优先权的任务调度,那么需使用 RTX51Full 实时操作系统。

RTX51Tiny 和中断程序工作在并行的模式下,中断服务程序通过发送信号(调用内核函数 isr_send_signal)和设置就绪标志(调用内核函数 isr_set_ready)的方式和 RTX51Tiny 的任务进行通信。RTX51Tiny 没有中断程序的管理能力,所以程序员需要自行管理中断程序的使能和运行。

RTX51Tiny 使用了定时器 0、定时器 0 的中断和寄存器组 1。如果用户的程序使用了定时器 0,将会导致 RTX51Tiny 内核工作不正常。当然,也可以把用户的定时器 0 中断服务程序添加到 RTX51Tiny 的定时器 0 中断服务程序之后。RTX51Tiny 假定系统中断使能控制位总是处于允许的状态(EA=1),RTX51Tiny 库函数根据需来改变系统中断的使能控制,目的是为了保护内核的结构不被中断所破坏;不过 RTX51Tiny 的控制方式比较简单,并没有对 EA 的状态进行保存或者恢复。如果用户的程序在调用 RTX51Tiny 内核函数之前禁止 EA,那么内核将会失去响应。通常不允许在用户的程序访问临界区时短暂禁止中断;如果必须要禁止中断,那么要确保禁止的时间很短,同时在中断禁止期间不允许调用任何内核函数。

实时程序设计必须要求能快速响应实时事件,如果处理的事件比较少,那么在没有实时操作系统的条件下也是比较容易实现的。一旦处理的事件增加,那么程序的复杂性和不确定性就大大增加,此时就需要采用操作系统 RTX51Tiny 解决。

嵌入式系统或者是标准 C 程序设计,程序都是从 main 函数开始的。在嵌入式系统程序中 main 函数通常是一个死循环,也可以被看作是一个连续运行的单一任务。

许多经典的 C 程序也可以实现一个假的多任务,在这里一个循环中调用了几个函数。每一个函数完成一个独立的操作或者任务,这些函数以一定的顺序执行。一旦增加更多的任务,那么执行的顺序就变成了一个问题。

如果采用 RTX51Tiny,那么在用户的应用中就可以为每一个任务创建一个独立的任务函数。RTX51Tiny 程序结构如图 14.1 所示。

```
07  #include <rtx51tny.h>                    /* RTX 51 Tiny 函数及定义               */
08
09  long counter0;                           /* task0 计数器                        */
10  long counter1;                           /* task1 计数器                        */
11  long counter2;                           /* task2 计数器                        */
12
13  /**************************************************************************/
14  /*      Task0 'job0':     RTX51Tiny 开始执行 task 0                        */
15  /**************************************************************************/
16  job0 () _task_ 0 {
17    os_create_task (1);                     /* 开始 task1                         */
18    os_create_task (2);                     /* 开始 task2                         */
19
20    while (1)  {                            /* 循环                              */
21      counter0++;                           /* counter 0 加 1                    */
22    }
23  }
24
25  /**************************************************************************/
26  /*     Task1 'job1':      RTX51Tiny 利用 os_create_task (1) 开始 task 1      */
27  /**************************************************************************/
28  job1 () _task_ 1 {
29    while (1)  {                            /* 循环                              */
30      counter1++;                           /* counter2 加 1                     */
31    }
32  }
33
34  /**************************************************************************/
35  /*     Task2 'job2':      RTX51Tiny 利用 os_create_task (2) 开始 task 2      */
36  /**************************************************************************/
37  job2 () _task_ 2 {
38    while (1)  {                            /* 循环                              */
39      counter2++;                           /* counter2 加 1                     */
40    }
41  }
```

图 14.1　RTX51Tiny 程序结构

14.2.3　RTX51Tiny 操作原理

1. 定时中断

RTX51Tiny 通过使用标准 8051 的定时器 0(方式 1)产生一个周期性的中断,该中断就作为 RTX51Tiny 的时钟,其库函数所指定的超时和时间间隔参数都是利用该时钟来测量的。系统默认的时钟中断是 10000 个机器周期,因此,对于一个运行在 12MHz 时钟标准 8051 单片机而言,内核的时钟就是 100Hz(周期 0.01s),计算公式是 12MHz/12/10000。该值可以通过配置文件 CONF_TNY. A51 来更改。

2. 任务

RTX51Tiny 基本上可以看作是一个任务切换器,因此,要创建一个 RTX51Tiny 程序,就必须在一个应用程序中包含至少一个任务函数。Keil C51 编译器引进了一个新的关键字(_task_),用来在 C 语言程序中进行任务定义。

（1）RTX51Tiny 严密维护每一个任务在某一个状态（运行、就绪、等待、删除或者超时）。

（2）任何时候就只有一个任务处于运行状态。

（3）大多数任务处于就绪、等待、删除或者超时状态。

（4）如果一旦出现所定义的所有任务都处于阻塞状态，那么就会运行一个空闲（idle）任务。

3. 任务管理

每一个 RTX51Tiny 任务总是被严密维护在一个状态上（下面将列出所有可能的任务），任务的状态将传递给任务调度器。

运行（running）：当前正在运行的任务就是处于运行状态，而且所有任务中仅有一个任务处于运行状态。os_running_task_id 作为内核函数返回的是处于运行状态的任务的任务号。

就绪（ready）：准备好运行的任务就处于就绪状态，一旦处于运行状态的任务处理完毕，RTX51Tiny 将开始运行下一个处于就绪状态的任务。如果使用函数 os_set_ready 和 isr_set_ready，那么一个任务会立即变成就绪状态（即使该任务还在等待超时或者信号事件）。

等待（waiting）：如果任务正在等待一个事件，那么就处于等待状态，一旦事件发生任务就会切换到就绪状态，内核函数 os_wait 就是用来将一个任务从等待状态切换到就绪状态的。

删除（deleted）：如果任务绝不会再启动或者已经被删除，那么就处于删除状态。内核函数 os_delete_task 将一个已经启动（通过 os_create_task）的任务切换到删除状态。

超时（time-out）：一个连续运行的任务，被时间轮转内核调度中断后处于超时状态。对内核而言，该任务相当于处在就绪状态。

4. 事件

在实时操作系统里，事件被用来控制程序中任务的行为。一个任务可以等待一个事件，同时也可以给其他任务设置一个事件标志。内核函数 os_wait 允许一个任务去等待一个或者多个事件。

一个任务可以等待一个超时事件。超时事件是一个非常普通的事件，就是一个代表有多少个内核时钟滴答数。当一个任务在等待超时事件，那么其他的任务将继续运行。一旦需等待的内核时钟滴答数已经耗尽，那么该等待的任务则继续运行。

时间间隔事件（interval）是超时事件的一个变种，两者之间的差别就在于时间间隔事件所要求的时钟滴答数和任务中上一次调用的内核函数 os_wait 有关。时间间隔事件通常用来产生一个规则，而且是同步运行的任务（例如：一秒钟运行一次的任务），而不管任务运行和 os_wait 之间的时间是多长。如果所设定的时钟滴答数已经耗尽（时间是从内核函数 os_wait 的上一次调用开始算起），任务将立即运行（在没有其他任务运行的条件下）。

信号事件（signal）是任务之间相互通信的一个简单形式，一个任务可以等待另外一个任务给他发信号(通过内核函数 os_send_signal 和 isr_send_signal)。

每一个任务都有一个就绪(ready)标志,该标志可以被其他任务设置(调用 os_set_ready 和 isr_set_ready)。一个正在等待超时、时间间隔和信号事件的任务就可以通过设置其就绪标志让其启动运行。

每一个事件都有一个相关联的且由 RTX51Tiny 维护的标志。例如在内核函数 os_wait 等待的事件中有 3 个不同的事件选择器。其中,K_IVL 表示等待时间间隔事件;K_SIG 表示等待信号事件;K_TMO 表示等待超时事件。同时,内核函数 os_wait 的返回值将说明具体发生的事件。RDY_EVENT 代表任务的就绪标志被设置,SIG_EVENT 代表收到一个信号事件,TMO_EVENT 代表超时事件或者时间间隔事件设定的内核时钟滴答数已经耗尽。

内核函数 os_wait 可以等待以下的组合事件。

(1) K_SIG|K_TMO。内核函数 os_wait 延迟当前任务的执行,一直到收到信号或者设定的超时时间已经耗尽。

(2) K_SIG|K_IVL。内核函数 os_wait 延迟当前任务的执行,一直到收到信号或者设定的间隔时间已经耗尽。

事件选择器不能将 K_IVL 和 K_TMO 这两个事件组合在一起。

5. 任务调度器

调度器的作用就是将处理器分配给一个任务,RTX51Tiny 的任务调度器通过以下的规则来决定哪一个任务获得运行权。如果有以下条件发生,那么当前的任务被中断:

(1) 当前任务调用了 os_switch_task,另外一个任务准备运行。

(2) 当前任务调用了 os_wait,而要求的事件还没有发生。

(3) 当前任务已经运行了太长的时间,超过了时间轮转所定义的时间片的值。

如果有以下条件发生,另一个任务开始运行:

(1) 没有其他任务在运行。

(2) 任务从就绪状态或者超时状态启动运行。

6. 时间轮转

RTX51Tiny 可以配置成使用时间轮转的多任务系统(或者叫任务切换)。时间轮转允许准并行地执行几个任务,这些任务并不是连续运行的,而是运行一个时间片(CPU 的运行时间被分成时间片,RTX51Tiny 分配时间片给每一个任务)。因为时间片很短,通常只有几毫秒,那么这些任务看起来像是在同时运行。任务在分配给它们的时间片里一直运行(除非任务的时间片被放弃),然后 RTX51Tiny 切换到下一个处于就绪状态的任务去运行。该时间片参数可以通过配置文件 CONF_TNY. A51 去设置。

图 14.2 所示例子是一个简单的 RTX51Tiny 程序,采用了时间轮转的多任务机制。程序中的两个任务都是计数循环,RTX51Tiny 从命名为 job0 的任务 0 开始运行,该任务还产生了另一个命名为 job1 的任务。在 job0 执行完自己的时间片之后,RTX51Tiny 切换到 job1 运行。在 job1 运行完自己的时间片之后,RTX51Tiny 又切换回 job0 运行。该过程一

直被不确定地重复着。

```
16  job0 () _task_ 0 {
17    os_create_task (1);                    /* 开始task1                          */
18
19
20    while (1)  {                            /* 循环                               */
21      counter0++;                           /* counter0加1                        */
22    }
23  }
24
25  /***********************************************************************/
26  /*     Task 1'job1':      RTX51Tiny 利用os_create_task (1)开始task1       */
27  /***********************************************************************/
28  job1 () _task_ 1 {
29    while (1)  {                            /* 循环                               */
30      counter1++;                           /* counter1加1                        */
31    }
32  }
```

图 14.2 RTX51Tiny 的任务轮换

注意：比用等待来耗尽时间片的更好方式是使用内核函数 os_wait 和 os_switch_task，让 RTX51Tiny 可以切换到另一个任务。内核函数 os_wait 的作用就是挂起当前任务（将该任务的状态更改为等待状态）一直到特定的事件发生（将任务的状态更改为就绪状态）。其间，其他的任务将会被运行。

7. 合作式任务切换

如果禁止了时间轮转的多任务方式，那么必须让程序中的各个任务工作在合作的方式下。这就要求在用户的应用程序中，每一个任务都要在特定的地方调用内核函数 os_wait 或者是 os_switch_task，从而使 RTX51Tiny 可以完成任务的切换。os_wait 和 os_switch_task 的不同是，os_wait 让用户的任务等待一个事件，而 os_switch_task 则立即切换到已经处于就绪状态的任务。

8. 空闲模式

当没有任何任务处于就绪状态去运行时，RTX51Tiny 就会执行一个 idle 任务，即执行一个死循环。一些 8051 兼容器件提供了一个 Idle 模式（停止程序的运行，一直到有中断产生），可以节省电源的损耗。在这种模式下，处理器的周边，包括中断系统是一直在工作的。RTX51Tiny 允许在 Idle 任务（在没有任何任务需运行的条件下）中激活 Idle 模式。当 RTX51Tiny 的定时器中断（或者是任何的中断）产生时，处理器恢复程序执行模式。允许给 Idle 任务添加代码，这需设置配置文件 CONF_TNY. A51 来实现。

9. 堆栈管理

RTX51Tiny 可以在 8051 的内部数据存储区（IDATA）给每一个任务维护一个堆栈。当一个任务运行时，它将获得一个最大可能的堆栈空间。当任务切换发生时，堆栈重新分配，先前任务的堆栈被缩小，而当前任务的堆栈被扩大。

14.2.4 RTX51Tiny 配置

RTX51Tiny 必须根据所创建的嵌入式应用进行配置。所有的配置可以在文件 CONF_

TNY. A51 中找到。该文件默认被保存在\KEIL\C51 \RTXINY2\下,文件 CONF_TNY. A51 中的选项包括:

(1) 定义定时器中断服务程序所使用的寄存器组。

(2) 定义定时器中断的间隔(单位是机器周期)。

(3) 定义在定时中断中执行的用户代码。

(4) 定义时间轮转的超时值。

(5) 允许或者禁止时间轮转的任务切换。

(6) 定义用户的应用程序是否包含长时间的中断服务程序。

(7) 定义是否采用代码分页。

(8) 定义 RTX51Tiny 的堆栈顶端地址(默认是 FFH)。

(9) 定义最小的堆栈需求。

(10) 定义在堆栈出错是执行的代码。

(11) 定义在 Idle 任务中运行的代码。

一个默认的 CONF_TNY. A51 文件已经包含在 RTX51Tiny 库中,但是为了确保配置在用户的应用中生效,必须把文件复制到用户的项目文件目录中,并添加到用户的项目中。为了定制用户的 RTX51Tiny,必须更改文件 CONF_TNY. A51 的设定。注意:如果没有将配置文件 CONF_TNY. A51 包含进用户的项目中,那么库中默认的配置文件将自动包含进来。配置文件的默认选项在用户的项目中可能起的是反作用。

14.2.5　编写 RTX51Tiny 程序

在采用 RTX51Tiny 进行程序设计时,必须使用关键字 _task_ 来定义 RTX51Tiny 任务,要使用 RTX51Tiny 内核函数,还必须包含头文件 tx51tny. h。

1. 包含文件

RTX51Tiny 仅需包含一个头文件 tx51tny. h,所有的内核函数和常量定义都在该头文件中。

2. 编程指导

在创建 RTX51Tiny 程序时,有一些规则需遵循。

(1) 确认包含头文件 tx51tny. h。

(2) 不要创建 main 函数,RTX51Tiny 有自己的 main 函数。

(3) 程序至少包含一个任务函数。

(4) RTX51Tiny 程序要求打开中断(EA=1)。如果在临界区禁止了中断,需特别小心去处理。

(5) 程序必须包含至少一个内核函数的调用(例如 os_wait),否则连接器不会包含 RTX51Tiny 库。

(6) task0 是程序运行的第一个函数,必须用内核函数 os_create_task 从 task0 创建所有其他的任务。

(7) 任务函数不能有 exit 或者 return 语句。任务函数必须采用一个 while(1)这样的死循环或者类似的结构。调用内核函数 os_delete_task 可以暂停一个任务的运行。

(8) 必须在 μVision IDE 或者命令行进行中指定使用 RTX51Tiny。

3. 定义任务

实时或者多任务应用通常由一个或者多个执行特定操作的任务组成。RTX51Tiny 最多支持 16 个任务。所谓的任务其实就是一个简单的 C 函数,具有 void 型的参数列表和 void 型的返回值,而且还需采用关键字_task_来表明函数的属性。

注意:所有任务必须包含一个死循环,不允许有任何 return 语句;任务没有返回值,它们必须采用 void 返回类型;不能给任务传递参数,必须是一个 void 型的参数列表;每一个任务必须采用唯一且不能重复的 ID 号;为了减小 RTX51Tiny 对内存的需求,所有任务号必须从 0 开始,依次增加。

14.3 项目实现

14.3.1 基于 RTX51Tiny 的流水灯的设计

在 Keil 的安装目录下找到 C51\RtxTiny2\Examples 子目录,该目录默认安装了 3 个 RtxTiny2 实例。其中,Ex1 的内容如下:

```
1     #include < rtx51tny.h > /*  RTX51Tiny 函数及定义 */
2
3     long counter0;                /*  task0 计数器 */
4     long counter1;                /*  task1 计数器 */
5     long counter2;                /*  task2 计数器 */
6
7     job0 () _task_ 0 {
8
9       os_create_task (1);         /*  开始 task1 */
10      os_create_task (2);         /*  开始 task2 */
11
12      while (1) { /*  循环 */
13        counter0++;               /*  counter0 加 1 */
14      }
15    }
16
17    job1 () _task_ 1 {
18
19      while (1) { /*  循环 */
20        counter1++;               /*  counter1 加 1 */
21      }
22    }
23
24    job2 () _task_ 2 {
```

```
25
26    while (1) {                 /* 循环 */
27      counter2++;               /* counter2 加 1 */
28    }
```

首先,在第 1 行引用 rtx51tny.h 库文件,第 3～5 行分别创建 3 个长整形变量 counter0、counter1 和 counter2。job0 是系统默认的第一个任务,是程序执行的入口。在 job0 中,先创建两个新任务 job1 和 job2,见第 9～10 行代码。然后,job0 进入无限循环,每经过一个时间片,counter0 自增 1。该程序默认的时间片长度为 10ms。同理,job1 和 job2 也执行无限循环,每经过一个时间片,counter1 和 counter2 分别自增 1。

在 Ex1 项目的基础上实现流水灯控制程序的设计。该系统的原理如图 14.3 所示。

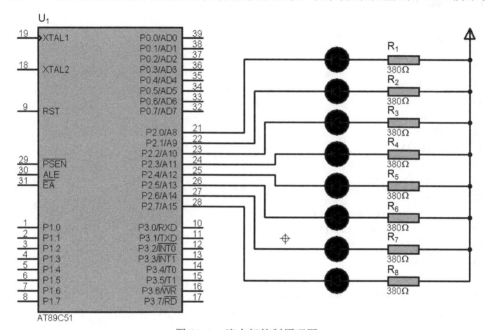

图 14.3　流水灯控制原理图

首先测试一下 LED,由于 P2 的定义在 reg51.h 中,因此,需在文件开头处添加包含文件,然后修改 job0 如下:

```
1    job0 () _task_ 0 {
2      os_create_task (1);      /* 开始 task1 */
3      os_create_task (2);      /* 开始 task2 */
4
5      while (1) {              /* 循环 */
6                P2 = ~P2;      /* counter0 加 1 */
7                os_wait(K_TMO, 100, 0);
8              }
9      }
```

以上代码调用了系统延时函数 os_wait,参数 100 代表滴答个数,其中一个滴答为 10ms,100 个滴答为 1s。该段代码执行后,P2 口的所有 LED 将每隔 1s 改变一次状态。再次修改以上代码,修改后的代码如下:

```
1    # include < rtx51tny. h > /*  RTX51Tiny 函数及定义 * /
2    # include "reg51. h"
3
4    char i;
5
6    job0 () _task_ 0 {
7      os_create_task (1);
8      while(1)
9      {
10     }
11   }
12
13   job1 () _task_ 1 {
14
15     i = 0;
16     P2 = 0xff;
17     while (1)
18     {
19       if(++i > 8)
20       {
21           os_create_task(2);
22           os_delete_task(1);
23       }
24       else
25           P2 << = 1;
26           os_wait (K_TMO, 50, 0);
27     }
28   }
29
30   job2 () _task_ 2 {
31
32     i = 0;
33     P2 = 0xFF;
34     while (1)
35     {
36       if(++i > 8)
37       {
38           os_create_task(1);
39           os_delete_task(2);
40       }
41       else
42           P2 >> = 1;
```

```
43          os_wait (K_TMO, 50, 0);
44      }
    }
```

首先,在 job0 中创建任务 1,代码如第 7 行所示,然后清空 job0 中 while 语句内的内容。当时间片轮转到 job1 时,job1 被启动。job1 的主要功能是实现从 P2 口的最低位开始逐次变为低电平,即 LED 自上而下逐个被点亮。其中第 26 行代码代表延时 0.5s。每经过一次延时,i 的值自增一次,然后 P2 口的值整体左移 1 次。当 i 的值超过 8 时,所有 LED 均已点亮,此时执行第 21～22 行代码。第 21 行代表创建新的任务 job2,第 22 行代表删除 job1。此时,job1 的任务被清除,只有 job0 和 job2 在执行。job0 为空转,而 job2 实现的效果与 job1 正好相反,即反向将 LED 逐个点亮。同理,当 i 的值超过 7 时,通过第 38 行代码创建新任务 job1,通过第 39 行代码删除当前任务 job2。此后,job1 和 job2 将轮流执行。

当然,为了体现 rtx51tny 的多任务优势,可以在 job0 中添加一段测试代码。如在 job0 的 while 中加入 os_wait（K_TMO,100,0）实现 1s 延时,再加入 P3＝～P3,则可以实现在自动流水的过程中,P3 口的所有引脚的状态也会每隔 1s 变化一下状态。

14.3.2　基于 RTX51Tiny 的键控流水灯的设计

在图 14.3 的基础上,将 P1.0 引脚外接一个按键(button),其余电路保持不变。由于要利用按键来控制流水灯的流向,此时 job1 和 job2 应该由按键来控制启停,当按键状态未改变时,job1 和 job2 中只有一个任务在执行,job3 用于按键识别。参考代码如下:

```
1     # include < rtx51tny.h > /＊ RTX51Tiny 函数及定义 ＊/
2     # include "reg51.h"
3
4     sbit k = P1^0;
5     bit key_mark, direction;
6
7     char i;
8
9     job0 () _task_ 0 {
10
11      os_create_task(1);
12      os_create_task(3);
13      while(1)
14      {
15          os_wait (K_TMO, 100, 0); /＊ 等待超时: 5 ticks ＊/
16          P3 = ～P3;
17      }
18    }
19
20    job1 () _task_ 1 {
21
22      i = 0;
```

```
23      P2 = 0xFF;
24      while (1)
25      {
26          if(++i > 8)
27          {
28              i = 0;
29              P2 = 0xFF;
30          }
31          else
32              P2 <<= 1;
33
34          os_wait (K_TMO, 50, 0);
35      }
36  }
37
38  job2 () _task_ 2 {
39
40      i = 0;
41      P2 = 0xFF;
42      while (1)
43      {
44          if(++i > 8)
45          {
46              i = 0;
47              P2 = 0xFF;
48          }
49          else
50              P2 >>= 1;
51          os_wait (K_TMO, 50, 0);
52      }
53  }
54
55  job3 () _task_ 3 {
56      while(1)
57      {
58          if(!k && !key_mark)
59          {
60              os_wait (K_TMO, 1, 0);
61              if(!k)
62              {
63                  direction = !direction;
64                  if(direction)
65                  {
66                  os_create_task(1);
67                  os_delete_task(2);
68                  }
69                  else
```

```
70                {
71                    os_create_task(2);
72                    os_delete_task(1);
73                }
74                key_mark = 1;
75            }
76        }
77        else if(k)
78        key_mark = 0;
79    }
80 }
```

某一时刻只能有一个任务处于启动状态,因此,在 job0 中只创建了 job1 和 job3。job1 一旦被创建后一直处于运行状态,因此,在循环超过 8 次时,将循环变量 i 清零,P2 口的初值设置为 0XFF,以实现 LED 的全部熄灭。然后,每隔 0.5s,LED 的状态改变一次。相应地,job2 的控制过程与 job1 类似,只是控制 LED 反向变化。

在 job0 中增加了创建 job3 的代码。job3 主要用于实现按键的判断。该代码利用了按键标志法实现按键的一次响应处理。其中第 60 行代码用于实现按键去抖动。当判断到有键按下后,利用 direction 变量保存当前的流水方向。然后,根据 direction 的值来决定要创建的任务,以及要删除的任务。

附录 A

MCS-51 单片机 C51 语言

A.1　C51 中的关键字

C51 语言中的所有关键字和功能说明如表 A.1 所示。

表 A.1　C 语言关键字功能说明

关键字	功 能 说 明
auto	声明自动变量
break	跳出当前循环
case	开关语句分支
char	声明字符型变量或函数返回值类型
const	定义常量,如果一个变量被 const 修饰,那么它的值就不能再被改变
continue	结束当前循环,开始下一轮循环
default	开关语句中的其他分支
do	循环语句的循环体
double	声明双精度浮点型变量或函数返回值类型
else	条件语句否定分支(与 if 连用)
enum	声明枚举类型
extern	声明变量或函数是在其他文件或本文件的其他位置定义
float	声明浮点型变量或函数返回值类型
for	一种循环语句
goto	无条件跳转语句
if	条件语句
int	声明整型变量或函数
long	声明长整型变量或函数返回值类型
register	声明寄存器变量
return	子程序返回语句(可以带参数,也可不带参数)
short	声明短整型变量或函数
signed	声明有符号类型变量或函数
sizeof	计算数据类型或变量长度(即所占字节数)

续表

关键字	功 能 说 明
static	声明静态变量
struct	声明结构体类型
switch	用于开关语句
typedef	用于给数据类型取别名
unsigned	声明无符号类型变量或函数
union	声明共用体类型
void	声明函数无返回值或无参数,声明无类型指针
volatile	说明变量在程序执行中可被隐含地改变
while	循环语句的循环条件

A.2　C51 中变量类型

C51 中不同数据类型如表 A.2 所示。C51 特有的类型说明如下。

1. 特殊功能寄存器型

用于访问 MCS-51 单片机中的特殊功能寄存器数据,它分为 sfr 和 sfr16 两种类型。其中 sfr 为字节型特殊功能寄存器类型,占一个内存单元,利用它可以访问 MCS-51 内部的所有特殊功能寄存器;sfr16 为双字节型特殊功能寄存器类型,占用 2 字节单元,利用它可以访问 MCS-51 内部的所有 2 字节的特殊功能寄存器。在 C51 中对特殊功能寄存器的访问必须先用 sfr 或 sfr16 进行声明。

2. 位类型

在 C51 中,支持两种位类型:bit 型和 sbit 型。它们在内存中都只占一个二进制位,其值可以是"1"或"0"。其中用 bit 定义的位变量在 C51 编译器编译时,在不同时位地址是可以变化的,而用 sbit 定义的位变量必须与 MCS-51 单片机的一个可以寻址位单元或可位寻址的字节单元中的某一位联系在一起,在 C51 编译器编译时,其对应的位地址是不可变化的。不同数据类型的关键字信息如表 A.2 所示。

表 A.2　不同数据类型的关键字信息

基本数据类型	长度	取 值 范 围
unsigned char	1 字节	0～255
signed char	1 字节	−128～+127
unsigned int	2 字节	0～65535
signed int	2 字节	−32768～+32767
unsigned long	4 字节	0～4294967295
signed long	4 字节	−2147483648～+2147483647
float	4 字节	$1.175494E-38～3.402823E+38$

续表

基本数据类型	长度	取 值 范 围
bit	1 位	0 或 1
sbit	1 位	0 或 1
sfr	1 字节	0～255
sfr16	2 字节	0～65535

A.3 C51 中的存储种类

存储种类是指变量在程序执行过程中的作用范围。C51 变量的存储种类有四种,分别是自动(auto)、外部(extern)、静态(static)和寄存器(register)。

1. auto

使用 auto 定义的变量称为自动变量,其作用范围在定义它的函数体或复合语句内部,当定义它的函数体或复合语句执行时,C51 才为该变量分配内存空间,结束时占用的内存空间释放。自动变量一般分配在内存的堆栈空间中。定义变量时,如果省略存储种类,则该变量默认为自动变量。

2. extern

使用 extern 定义的变量称为外部变量。在一个函数体内,要使用一个已在该函数体外或别的程序中定义过的外部变量时,该变量在该函数体内要用 extern 说明。外部变量被定义后分配固定的内存空间,在程序整个执行时间内都有效,直到程序结束才释放。

3. static

使用 static 定义的变量称为静态变量。它又分为内部静态变量和外部静态变量。在函数体内部定义的静态变量为内部静态变量,它在对应的函数体内有效,一直存在,但在函数体外不可见,这样不仅使变量在定义它的函数体外被保护,还可以实现当离开函数时值不被改变。外部静态变量是在函数外部定义的静态变量。它在程序中一直存在,但在定义的范围之外是不可见的。如在多文件或多模块处理中,外部静态变量只在文件内部或模块内部有效。

4. register

使用 register 定义的变量称为寄存器变量。它定义的变量存放在 CPU 内部的寄存器中,处理速度快,但数目少。C51 编译器编译时能自动识别程序中使用频率最高的变量,并自动将其作为寄存器变量,用户可以无须专门声明。

A.4 C51 中的存储器类型

存储器类型是用于指明变量所处的单片机的存储器区域情况。编译器能识别的存储器类型如表 A.3 所示。

表 A.3　C51 编译器能识别的存储器类型表

存储器类型	描　述
data	直接寻址的片内 RAM 低 128B,访问速度快
bdata	片内 RAM 的可位寻址区(20H～2FH),允许字节和位混合访问
idata	间接寻址访问的片内 RAM,允许访问全部片内 RAM
pdata	用 Ri 间接访问的片外 RAM 的低 256B
xdata	用 DPTR 间接访问的片外 RAM,允许访问全部 64KB 片外 RAM
code	程序存储器 ROM 64KB 空间

A.5　C51 中的特殊功能寄存器

MCS-51 系列单片机片内有许多特殊功能寄存器,通过这些特殊功能寄存器可以控制 MCS-51 系列单片机的定时器、计数器、串口、I/O 及其他功能部件,每一个特殊功能寄存器在片内 RAM 中都对应于 1 字节单元或 2 字节单元。

在 C51 中,允许用户对这些特殊功能寄存器进行访问,访问时须通过 sfr 或 sfr16 类型说明符进行定义,定义时须指明它们所对应的片内 RAM 单元的地址。格式如下:

sfr 或 sfr16　特殊功能寄存器名 = 地址;

sfr 用于对 MCS-51 单片机中单字节的特殊功能寄存器进行定义,sfr16 用于对双字节特殊功能寄存器进行定义。特殊功能寄存器名一般用大写字母表示。

A.6　C51 中位变量

在 C51 中,允许用户通过位类型符定义位变量。位类型符有两个: bit 和 sbit。可以定义两种位变量。

bit 位类型符用于定义一般的可位处理位变量,格式如下:

bit　位变量名;

在格式中可以加上各种修饰,但注意存储器类型只能是 bdata、data、idata,只能是片内 RAM 的可位寻址区,严格来说只能是 bdata。

sbit 位类型符用于定义在可位寻址字节或特殊功能寄存器中的位,定义时须指明其位地址,可以是位直接地址,可以是可位寻址变量带位号,也可以是特殊功能寄存器名带位号。格式如下:

sbit　位变量名 = 位地址;

如位地址为位直接地址,其取值范围为 0x00～0xff;如位地址是可位寻址变量带位号或特殊功能寄存器名带位号,则在它前面须对可位寻址变量或特殊功能寄存器进行定义。

字节地址与位号之间、特殊功能寄存器与位号之间一般用"^"作间隔。

A.7　C51 的输入输出

在 C51 的标准函数库中提供了一个名为 stdio.h 的一般 I/O 函数库,它中定义了 C51 中的输入和输出函数。当对输入和输出函数使用时,须先用预处理命令"♯ include < stdio.h >"将该函数库包含到文件中。

C51 的一般 I/O 函数库中定义的 I/O 函数都是通过串行口实现的,串行的波特率由定时器/计数器 1 溢出率决定。在使用 I/O 函数之前,应先对 MCS-51 单片机的串行口和定时器/计数器 1 进行初始化。串行工作于方式 1,定时器/计数器 1 工作于方式 2(8 位自动重载方式),设系统时钟为 12MHz,波特率为 2400,则初始化程序如下:

```
SCON = 0x52;
TMOD = 0X20;
TH1 = 0xf3;
TR1 = 1;
```

A.8　函数的定义

函数定义的一般格式如下:

函数类型　函数名(形式参数表) [reentrant][interrupt m][using n]
形式参数说明
{
　　局部变量定义
　　函数体
}

函数的格式说明如下:

(1) 函数类型说明函数返回值的类型。

(2) 函数名是用户为自定义函数取的名字以便调用函数时使用。

(3) 形式参数表用于列录在主调函数与被调用函数之间进行数据传递的形式参数。

(4) reentrant 修饰符用于把函数定义为可重入函数。所谓可重入函数就是允许被递归调用的函数。函数的递归调用是指当一个函数正被调用尚未返回时,又直接或间接调用函数本身。一般的函数不能做到这样,只有重入函数才允许递归调用。

(5) interrupt m 修饰符是 C51 函数中非常重要的一个修饰符,这是因为中断函数必须通过它进行修饰。在 C51 程序设计中,当函数定义时用了 interrupt m 修饰符时,系统编译时把对应函数转化为中断函数,自动加上程序头段和尾段,并按 MCS-51 系统中断的处理方式自动把它安排在程序存储器中的相应位置。

在该修饰符中,m 的取值为 0~31,对应的中断情况如下:

0——外部中断 0。

1——定时器/计数器 T0。

2——外部中断 1。

3——定时器/计数器 T1。

4——串行口中断。

(6) using n 修饰符用于指定本函数内部使用的工作寄存器组,其中 n 的取值为 0~3,表示寄存器组号。

附录 B

ASCII 码表

ASCII 值	控制字符	ASCII 值	控制字符	ASCII 值	控制字符	ASCII 值	控制字符
0	NUT	32	（space）	64	@	96	、
1	SOH	33	!	65	A	97	a
2	STX	34	"	66	B	98	b
3	ETX	35	#	67	C	99	c
4	EOT	36	$	68	D	100	d
5	ENQ	37		69	E	101	e
6	ACK	38	&.	70	F	102	f
7	BEL	39	,	71	G	103	g
8	BS	40	(	72	H	104	h
9	HT	41	)	73	I	105	i
10	LF	42	*	74	J	106	j
11	VT	43	+	75	K	107	k
12	FF	44	,	76	L	108	l
13	CR	45	—	77	M	109	m
14	SO	46	.	78	N	110	n
15	SI	47	/	79	O	111	o
16	DLE	48	0	80	P	112	p
17	DCI	49	1	81	Q	113	q
18	DC2	50	2	82	R	114	r
19	DC3	51	3	83	S	115	s
20	DC4	52	4	84	T	116	t
21	NAK	53	5	85	U	117	u
22	SYN	54	6	86	V	118	v
23	TB	55	7	87	W	119	w
24	CAN	56	8	88	X	120	x
25	EM	57	9	89	Y	121	y
26	SUB	58	:	90	Z	122	z
27	ESC	59	;	91	[	123	{
28	FS	60	<	92	/	124		
29	GS	61	=	93	]	125	}
30	RS	62	>	94	^	126	、
31	US	63	?	95	_	127	DEL

附录 C

题　　库

一、单选题　　　　　　　　　　　　　　　　　　　　　　　　　　　　　　　参考答案

1. MCS-51 单片机串口可以工作在（　　　）模式下。　　　　　　　　　　　　　C

　　A. 单工通信　　　　　　　　　　　B. 半双工通信

　　C. 全双工通信　　　　　　　　　　D. 不确定

2. MCS-51 单片机串口的工作方式有（　　　）种。　　　　　　　　　　　　　D

　　A. 1　　　　　　　　　　　　　　B. 2

　　C. 3　　　　　　　　　　　　　　D. 4

3. MCS-51 单片机定时器采用的是（　　　）计数方式。　　　　　　　　　　　A

　　A. 加计数　　　　　　　　　　　　B. 减计数

　　C. 加或减计数　　　　　　　　　　D. 不确定

4. MCS-51 单片机可以访问的最大程序存储器空间为（　　　）。　　　　　　　D

　　A. 4KB　　　　　　　　　　　　　B. 8KB

　　C. 16KB　　　　　　　　　　　　D. 64KB

5. MCS-51 单片机每个定时器有（　　　）个工作方式。　　　　　　　　　　　D

　　A. 1　　　　　　　　　　　　　　B. 2

　　C. 3　　　　　　　　　　　　　　D. 4

6. MCS-51 单片机的（　　　）口的引脚，还具有外中断、串行通信等第二功能。　D

　　A. P0　　　　　　　　　　　　　　B. P1

　　C. P2　　　　　　　　　　　　　　D. P3

7. MCS-51 是（　　　）位的单片机。　　　　　　　　　　　　　　　　　　　B

　　A. 4　　　　　　　　　　　　　　B. 8

　　C. 16　　　　　　　　　　　　　D. 32

8. MCS-51 单片机由（　　　）个 16 位定时器/计数器。　　　　　　　　　　　B

　　A. 1　　　　　　　　　　　　　　B. 2

　　C. 3　　　　　　　　　　　　　　D. 4

9. C51 中用（　　）符号表示八进制数字。　　　　　　　　　　　　　　B
   A. 0X   B. 0
   C. B   D. D

10. C51 中用（　　）符号表示十六进制数字。　　　　　　　　　　　　A
   A. 0X   B. 0
   C. B   D. D

11. IE 中 EA 代表的含义是（　　）。　　　　　　　　　　　　　　　　A
   A. 中断允许总控位   B. 串口中断允许
   C. 定时器 1 中断允许   D. 定时器 0 中断允许

12. IE 中 ES 代表的含义是（　　）。　　　　　　　　　　　　　　　　B
   A. 中断允许总控位   B. 串口中断允许
   C. 定时器 1 中断允许   D. 定时器 0 中断允许

13. IE 中 EX0 代表的含义是允许（　　）中断。　　　　　　　　　　　A
   A. 外中断 0   B. 外中断 1
   C. 定时器 T0   D. 定时器 T1

14. IE 中 EX1 代表的含义是允许（　　）中断。　　　　　　　　　　　B
   A. 外冲断 0   B. 外中断 1
   C. 定时器 T0   D. 定时器 T1

15. MCS-51 单片机具有第二功能引脚的端口是（　　）。　　　　　　　D
   A. P0   B. P1
   C. P2   D. P3

16. MCS-51 单片机有（　　）个端口。　　　　　　　　　　　　　　　D
   A. 1   B. 2
   C. 3   D. 4

17. MCS-51 单片机在定时器 0 和外中断 0 同时申请中断时，CPU 首先响应（　　）。B
   A. 定时器 0   B. 外中断 0

18. MCS-51 复位时，下述说法正确的是（　　）。　　　　　　　　　　D
   A. （20H）＝00H   B. SP＝00H
   C. SBUF＝00H   D. TH0＝00H

19. MCS-51 内部提供的 T1 定时器有（　　）种工作方式。　　　　　　C
   A. 1   B. 2
   C. 3   D. 4

20. P3.0 口的第二功能是（　　）。　　　　　　　　　　　　　　　　A
   A. RXD 串口输入端   B. TXD 串口输出端
   C. INT0 外中断 0   D. INT1 外中断 1

21. P3.1 口的第二功能是（　　）。　　　　　　　　　　　　　　　　B

    A. RXD 串口输入端   B. TXD 串口输出端

    C. INT0 外中断 0   D. INT1 外中断 1

22. P3.2 口的第二功能是(　　)。   C

    A. RXD 串口输入端   B. 串口输出端

    C. INT0 外中断 0   D. INT1 外中断 1

23. P3.3 口的第二功能是(　　)。   D

    A. RXD 串口输入端   B. TXD 串口输出端

    C. INT0 外中断 0   D. INT1 外中断 1

24. SCON 中用于保存多机通信接收到的第九位信息的是(　　)。   B

    A. TB8   B. RB8

    C. TI   D. RI

25. SCON 中 SM0、SM1 取 00 代表的含义是串行工作方式(　　)。   A

    A. 工作方式 0   B. 工作方式 1

    C. 工作方式 2   D. 工作方式 3

26. SCON 中 TI 的含义(　　)。   C

    A. 多机通信发送第九位   B. 多机通信接收第九位

    C. 发送完毕中断标志   D. 接收完毕中断标志

27. 外中断 0 中断服务函数的编号为(　　)。   A

    A. 0   B. 1

    C. 2   D. 3

28. 外中断 1 中断服务函数的编号为(　　)。   B

    A. 1   B. 2

    C. 3   D. 4

29. 串行口中断服务函数的编号为(　　)。   D

    A. 1   B. 2

    C. 3   D. 4

30. TCON 中 IE0 代表的含义是(　　)。   C

    A. 外中断 0 触发控制位   B. 外中断 1 触发控制位

    C. 外中断 0 请求标志   D. 外中断 1 请求标志

31. TCON 中 TF0 代表的含义是(　　)。   C

    A. 定时器 T0 启动位   B. 定时器 T1 启动位

    C. 定时器 T0 溢出位   D. 定时器 T1 溢出位

32. 串行通信中的空闲信号由(　　)电平标示。   A

    A. 高   B. 低

    C. 高阻   D. 不确定

33. 串行通信中的起始位由(　　)电平表示。   B

A. 高　　　　　　　　　　　　　　B. 低

C. 高阻　　　　　　　　　　　　　D. 不确定

34. 串行通信中的停止位由(　　)电平标示。　　　　　　　　　A

    A. 高　　　　　　　　　　　　　　B. 低

    C. 高阻　　　　　　　　　　　　　D. 不确定

35. 串行通信中方式 0 的功能是(　　)。　　　　　　　　　　　A

    A. 同步移位寄存器方式　　　　　　B. 8 位异步通信

    C. 固定频率 9 位通信　　　　　　　D. 可变频率 9 位通信

36. 串行通信中方式 2 的波特率是(　　)。　　　　　　　　　　D

    A. 晶振频率　　　　　　　　　　　B. 晶振频率/8

    C. 晶振频率/16　　　　　　　　　 D. 晶振频率/32

37. 串行通信中方式 1 的功能是(　　)。　　　　　　　　　　　B

    A. 同步移位寄存器方式　　　　　　B. 8 位异步通信

    C. 固定频率 9 位通信　　　　　　　D. 可变频率 9 位通信

38. 串行通信中方式 2 的功能是(　　)。　　　　　　　　　　　C

    A. 同步移位寄存器方式　　　　　　B. 8 位异步通信

    C. 固定频率 9 位通信　　　　　　　D. 可变频率 9 位通信

39. 串行通信中方式 3 的功能是(　　)。　　　　　　　　　　　D

    A. 同步移位寄存器方式　　　　　　B. 8 位异步通信

    C. 固定频率 9 位通信　　　　　　　D. 可变频率 9 位通信

40. 串口工作在方式 1 允许接收,则 SCON 应该取值为(　　)。　C

    A. 0x00　　　　　　　　　　　　　B. 0x10

    C. 0x50　　　　　　　　　　　　　D. 0x90

41. 打开定时器 T0 和 T1 中断,需设置 IE 为(　　)。　　　　　C

    A. 0x82　　　　　　　　　　　　　B. 0x88

    C. 0x8A　　　　　　　　　　　　　D. 0x80

42. 单片机是将(　　)做到一块集成电路芯片中,称为单片机。　A

    A. CPU、RAM、ROM　　　　　　　B. CPU、I/O 设备

    C. CPU、RAM　　　　　　　　　　D. CPU、RAM、ROM、I/O 设备

43. 当允许定时器 1 工作在方式 1 时,控制字 TMOD 应为(　　)。　A

    A. 0x10　　　　　　　　　　　　　B. 0x01

    C. 0x11　　　　　　　　　　　　　D. 0xFF

44. 定时器/计数器 T1 的溢出标志位是(　　)。　　　　　　　　C

    A. IT1　　　　　　　　　　　　　 B. IE1

    C. TF1　　　　　　　　　　　　　 D. ET1

45. 定时方式 1 是(　　)位二进制定时。　　　　　　　　　　　C

A. 8   B. 13

C. 16   D. 32

46. 定时器 T0 和 T1 均工作在方式 1,则 TMOD 需设置为(   )。   C

    A. 0x01   B. 0x10

    C. 0x11   D. 0xFF

47. 定时器默认的内部时钟源是振荡器信号的(   )分频。   C

    A. 4   B. 8

    C. 12   D. 16

48. 12MHz 晶振下,定时器在方式 1 下最大定时时间为(   )。   B

    A. 8.192ms   B. 65.536ms

    C. 0.256ms   D. 16.384ms

49. 开机时,TR0 的默认值是(   )。   A

    A. 0   B. 1

    C. 0xFF   D. -1

50. 开启定时器 0 时 TR0 的值应该设置为(   )。   B

    A. 0   B. 1

    C. 0xFF   D. -1

51. 控制串形接口工作方式的寄存器是(   )。   C

    A. TCON   B. PCON

    C. SCON   D. TMOD

52. 若振荡频率为 12MHz,在方式 2 下最大定时时间为(   )。   C

    A. 8.192ms   B. 65.536ms

    C. 0.256ms   D. 16.384ms

53. 下面适合用于处理外部突发事件的是(   )。   C

    A. DMA   B. 无条件传送

    C. 中断   D. 条件查询传送

54. 要设计一个 16 键的矩阵式键盘,至少需占用(   )I/O 端口。   D

    A. 2   B. 4

    C. 6   D. 8

55. 要设计一个 32 键的行列式键盘,至少需占用(   )根引脚线。   A

    A. 12   B. 32

    C. 18   D. 无法确定

56. 当采用 12MHz 晶振时,定时器的工作时钟周期为(   )μs。   B

    A. 0.5   B. 1

    C. 2   D. 3

57. 已知 X 的补码为 00001000B,则 X 的真值是十进制的(   )。   D

A. 120 B. —120

C. —136 D. 8

58. 欲使 P1 口的低 4 位输出 0,高 4 位不变,应执行(   )命令。 C

A. P1=0xF0 B. P1=0x0F

C. P1&=0xF0 D. P1&=0x0F

59. 在 MCS-51 系统中,若晶振频率为 6MHz,一个机器周期等于(   )μs。 B

A. 1 B. 2

C. 3 D. 4

60. 在定时器方式下,若 f_{osc}=6MHz,方式 2 的最大定时间隔(   )μs。 C

A. 128 B. 256

C. 512 D. 1024

61. 在异步通信中若每个字符由 10 位组成,串行口波特率为 4800b/s,则每秒传送字符数最多为(   )。 C

A. 120 B. 240

C. 480 D. 960

62. MCS-51 单片机对内部脉冲计数实现的是(   )功能。 B

A. 计数器 B. 定时器

63. TH0=N≫8 的含义是将(   )保存到 TH0 中。 D

A. N 的 10 位 B. N 的个位

C. N 的低 8 位 D. N 的高 8 位

64. SCON 中 RI 的含义(   )。 D

A. 多机通信发送第九位 B. 多机通信接收第九位

C. 发送完毕中断标志 D. 接收完毕中断标志

65. T1 中断服务函数的编号为(   )。 C

A. 1 B. 2

C. 3 D. 4

66. bit 用于声明(   )类型的变量。 A

A. 位 B. 字符

C. 整形 D. 实型

67. sbit 用于声明(   )变量。 A

A. 特殊功能寄存器的位 B. 字符

C. 整形 D. 实型

68. 1 个 16×16 点阵可以由(   )个 8×8 点阵实现。 D

A. 1 B. 2

C. 3 D. 4

69. 通常一个 16×16 点阵汉字需(   )字节保存。 C

A. 8 　　　　　　　　　　　　　B. 16

C. 32 　　　　　　　　　　　　D. 64

70. 在16×16点阵显示中,逐行扫描的频率最小为(　　　)Hz。　　　　　　C

A. 24 　　　　　　　　　　　　B. 8×24

C. 16×24 　　　　　　　　　　D. 32×24

71. ADC0809的转换速率主要取决于(　　　)。　　　　　　　　　　　　B

A. 供电电压 　　　　　　　　　B. 工作频率的大小

C. 参考电压 　　　　　　　　　D. 启动信号

72. 动态显示中,利用74HC138实现片选时,必须确保数码管的类型是(　　　)。A

A. 共阴极 　　　　　　　　　　B. 共阳极

73. 74HC595的DS引脚的功能是(　　　)。　　　　　　　　　　　　　　B

A. 片选信号 　　　　　　　　　B. 数据输入端

C. 移位时钟端 　　　　　　　　D. 锁存端

74. 74HC595的SH_CP引脚的功能是(　　　)。　　　　　　　　　　　　C

A. 片选信号 　　　　　　　　　B. 数据输入端

C. 移位时钟端 　　　　　　　　D. 锁存端

75. 74HC595的ST_CP引脚的功能是(　　　)。　　　　　　　　　　　　D

A. 片选信号 　　　　　　　　　B. 数据输入端

C. 移位时钟端 　　　　　　　　D. 锁存端

76. 74HC595的MR引脚的功能是(　　　)。　　　　　　　　　　　　　　A

A. 存储器清零端 　　　　　　　B. 数据输入端

C. 移位时钟端 　　　　　　　　D. 锁存端

77. 74HC595的OE引脚的功能是(　　　)。　　　　　　　　　　　　　　C

A. 存储器清零端 　　　　　　　B. 数据输入端

C. 输出使能端 　　　　　　　　D. 锁存端

78. 74HC138的A、B、C引脚的作用是(　　　)。　　　　　　　　　　　　C

A. 使能 　　　　　　　　　　　B. 复位

C. 改变输出引脚的状态

79. 74HC138的E1、E2、E3引脚的作用是(　　　)。　　　　　　　　　　A

A. 使能 　　　　　　　　　　　B. 复位

C. 改变输出引脚的状态

二、多选题　　　　　　　　　　　　　　　　　　　　　　　　　　参考答案

1. MCS-51单片机的内部硬件结构包括(　　　)。　　　　　　　　　　　ABCD

A. ROM 　　　　　　　　　　　B. 定时器

C. 串行口 　　　　　　　　　　D. 中断控制器系统

2. MCS-51的并行端口作输入口时,必须先写(　　　)才能读入外设的状态。　AC

A. 1 B. 0

C. 高电平 D. 低电平

3. MCS-51 一直维持复位状态,直到 RST 脚收到( )电平,MCS-51 才脱离复位状态,进入程序运行状态。　　　　　　　　　　　　　　　　　　　　　　AC

A. 低 B. 高

C. 0 D. 1

4. MCS-51 单片机的外中断触发方式控制系统包括( )。　　　　　　　　CD

A. TF0 B. TF1

C. IE0 D. IE1

5. MCS-51 单片机的中断源分别有外部中断 0、( )。　　　　　　　　ABCD

A. T0 B. T1

C. 外部中断 1 D. 串行口

6. MCS-51 的堆栈存取数据的原则是( )。　　　　　　　　　　　　　AB

A. 先进后出 B. 后进先出

C. 先进先出 D. 后进后出

7. MCS-51 内部提供的 T0 定时器有( )种工作方式。　　　　　　　ABCD

A. 方式 0 B. 方式 1

C. 方式 2 D. 方式 3

8. 串行通信的数据传送方式可以是( )。　　　　　　　　　　　　　ACD

A. 单工 B. 双工

C. 半双工 D. 全双工

9. 定时器/计数器 T1 有( )3 种工作方式。　　　　　　　　　　　ABC

A. 方式 0 B. 方式 1

C. 方式 2 D. 方式 3

10. 异步串行数据通信的帧格式由( )组成。　　　　　　　　　　ABCD

A. 起始位 B. 数据位

C. 停止位 D. 校验位

11. 合法的中断服务函数的编号为( )。　　　　　　　　　　　　ABCD

A. 0 B. 1

C. 2 D. 3

12. A/D 转换后的结果可以采用( )方法采集。　　　　　　　　　ABC

A. 查询 B. 延时

C. 中断

13. 单片机控制系统中,常见的按键包括( )。　　　　　　　　　　ABC

A. 轻触开关 B. 矩阵式按键

C. 拨码开关 D. 开关

14. 独立按键扫描方法包括(　　)。　　　　　　　　　　　　　　　　　CD
    A. 反转法　　　　　　　　　　B. 扫描法
    C. 键标志法　　　　　　　　　D. 延时等待法

15. 按键在与I/O相连时一般需连接(　　)电阻。　　　　　　　　　　　AB
    A. 上拉　　　　　　　　　　　B. 下拉
    C. 限流

16. 利用单片机实现电子琴的设计时,可采用(　　)来发声。　　　　　　AC
    A. 扬声器　　　　　　　　　　B. 有源蜂鸣器
    C. 无源蜂鸣器　　　　　　　　D. 麦克风

17. 利用定时器可以实现(　　)功能。　　　　　　　　　　　　　　　　ABCD
    A. 定时　　　　　　　　　　　B. 计数
    C. 延时　　　　　　　　　　　D. 产生方波

18. 与定时器相关的寄存器包括(　　)。　　　　　　　　　　　　　　　ABCD
    A. TMOD　　　　　　　　　　B. TCON
    C. TRx　　　　　　　　　　　D. IE

19. 与状态相关参数有(　　)。　　　　　　　　　　　　　　　　　　　ABCD
    A. 状态圆圈　　　　　　　　　B. 状态转移线
    C. 触发信号　　　　　　　　　D. 响应信号

20. 常用的数码管显示方式包括(　　)。　　　　　　　　　　　　　　　AB
    A. 静态显示　　　　　　　　　B. 动态显示
    C. 动静结合　　　　　　　　　D. 0

21. 常见的波特率包括(　　)。　　　　　　　　　　　　　　　　　　　ABCD
    A. 1200　　　　　　　　　　　B. 2400
    C. 4800　　　　　　　　　　　D. 9600

22. AT89C51单片机可以处理的中断包括(　　)。　　　　　　　　　　　ABC
    A. 定时器中断　　　　　　　　B. 串行口中断
    C. 外中断　　　　　　　　　　D. 看门狗中断

23. 矩阵式按键主要应用场合是(　　)。　　　　　　　　　　　　　　　AB
    A. 按键较多　　　　　　　　　B. I/O端口资源紧张
    C. 按键少　　　　　　　　　　D. I/O端口资源丰富

24. 无源蜂鸣器的特点是(　　)。　　　　　　　　　　　　　　　　　　BD
    A. 两个引脚长度不同　　　　　B. 两个引脚长度相同
    C. 外加电源后可直接发声　　　D. 外加电源后还需加交流信号才能发声

25. 下列属于输出设备的是(　　)。　　　　　　　　　　　　　　　　　ABC
    A. 蜂鸣器　　　　　　　　　　B. 继电器
    C. 可控硅　　　　　　　　　　D. 矩阵式按键

26. 可利用串行口进行通信的设备包括(　　)。　　　　　　　　　　　　　ABCD
   A. 语音模块　　　　　　　　　　　B. GPS 模块
   C. GSM 模块　　　　　　　　　　　D. 超声波模块

27. 在工程中,定时器 T0 常用作(　　),定时 T1 常用作(　　)。　　　　　AC
   A. 定时　　　　　　　　　　　　　B. 计数
   C. 波特率发生　　　　　　　　　　D. 延时

28. 串行口方式 0 又称为(　　)方式,方式 1 称为(　　)方式,方式 2~3 称为(　　)
方式。　　　　　　　　　　　　　　　　　　　　　　　　　　　　　　ABC
   A. 移位寄存器　　　　　　　　　　B. 双机通信
   C. 多机通信　　　　　　　　　　　D. 异步通信

29. 常用的延时方法包括(　　)。　　　　　　　　　　　　　　　　　　AB
   A. 软件延时　　　　　　　　　　　B. 定时器延时

30. 数码管按照公共端的不同可以分为(　　)类型。　　　　　　　　　　CD
   A. 动态显示　　　　　　　　　　　B. 静态显示
   C. 共阴极　　　　　　　　　　　　D. 共阳极

31. 74HC595 可以用于驱动(　　)。　　　　　　　　　　　　　　　　　ABC
   A. 数码管　　　　　　　　　　　　B. 点阵
   C. LED　　　　　　　　　　　　　　D. 继电器

32. 关于 ADC0809 的描述正确的是(　　)。　　　　　　　　　　　　　ABCD
   A. 8 个数据输入端　　　　　　　　B. 8 个输出输出端
   C. 3 个通道选择端　　　　　　　　D. 1 个频率信号输入端

33. 虽然 ADC0809 有(　　)数据输入端,但是某一刻只有(　　)引脚起作用。AD
   A. 8　　　　　　　　　　　　　　　B. 4
   C. 2　　　　　　　　　　　　　　　D. 1

34. 一般常用(　　)显示字符点阵,而用(　　)显示汉字点阵。　　　　　AB
   A. 8×8　　　　　　　　　　　　　　B. 16×16
   C. 32×32　　　　　　　　　　　　　D. 0

35. 能触发串行口中断的信号包括(　　)。　　　　　　　　　　　　　　CD
   A. EX0　　　　　　　　　　　　　　B. EX1
   C. RI　　　　　　　　　　　　　　　D. TI

36. 能触发定时中断的信号有(　　)。　　　　　　　　　　　　　　　　CD
   A. RI　　　　　　　　　　　　　　　B. TI
   C. TF0　　　　　　　　　　　　　　D. TF1

37. 中断控制器(　　)中,EA 代表的是开总中断,ET0 代表(　　),EX0 代表(　　)。
　　　　　　　　　　　　　　　　　　　　　　　　　　　　　　　　ABD
   A. IE　　　　　　　　　　　　　　　B. 定时器 0 中断允许

C. 定时器 1 中断允许　　　　　D. 外中断 0 允许

38. 驱动数码管动态显示的芯片可以采用(　　)。　　　　　　　　　　ABC

　　A. 7447　　　　　　　　　　　B. 74138

　　C. 74HC595　　　　　　　　　D. 7404

39. 计算器项目中包括(　　)模块。　　　　　　　　　　　　　　　　ABC

　　A. 数码管　　　　　　　　　　B. 按键

　　C. 单片机　　　　　　　　　　D. 超声波模块

40. 电子琴项目中包括(　　)模块。　　　　　　　　　　　　　　　　ABC

　　A. 蜂鸣器　　　　　　　　　　B. 矩阵式按键

　　C. 单片机　　　　　　　　　　D. 数码管

41. 超声波身高检测系统中包括(　　)模块。　　　　　　　　　　　　ABC

　　A. 超声波模块　　　　　　　　B. 语音模块

　　C. 串行口通信　　　　　　　　D. 蜂鸣器

42. 电子时钟项目中包括(　　)模块。　　　　　　　　　　　　　　　AB

　　A. 数码管显示模块　　　　　　B. 按键

　　C. 74HC595　　　　　　　　　D. 点阵模块

三、判断题　　　　　　　　　　　　　　　　　　　　　　　　参考答案

1. 无符号字节型变量的表达范围是 0～255。(　　)　　　　　　　　对

2. MCS-51 单片机定时器采用的是减计数方式。(　　)　　　　　　　错

3. MCS-51 单片机可以访问的最大数据存储器空间 64KB。(　　)　　对

4. 74HC595 芯片的功能是数据锁存。(　　)　　　　　　　　　　　　错

5. MCS-51 内部有 4 个并行 I/O 端口。(　　)　　　　　　　　　　　对

6. 89 的补码用 8 位二进制数表示是 01011001B。(　　)　　　　　　对

7. CPU 的运算器可以完成算数运算和逻辑运算。(　　)　　　　　　　对

8. IE 寄存器是 8 位的。(　　)　　　　　　　　　　　　　　　　　　对

9. IE 中 ES 的含义为允许外中断。(　　)　　　　　　　　　　　　　错

10. IE 中 ET0 的含义为允许外中断 0 中断。(　　)　　　　　　　　　错

11. IE 中 ET1 的含义为允许定时器 1 中断。(　　)　　　　　　　　　对

12. MCS-51 单片机的 CPU 是 8 位。(　　)　　　　　　　　　　　　对

13. IP 的默认值为 0。(　　)　　　　　　　　　　　　　　　　　　　对

14. IT1＝1 表示外部中断 1 的触发方式为边沿触发。(　　)　　　　　对

15. MCS-51 单片机的外中断可以工作在低电平触发或者下降沿触发模式。(　　)

　　　　　　　　　　　　　　　　　　　　　　　　　　　　　　　对

16. LED 常采用灌电流的驱动方式。(　　)　　　　　　　　　　　　　对

17. 串行口的方式 0 也称为移位寄存器方式。(　　)　　　　　　　　　对

18. MCS-51 单片机的串行口有 4 种工作方式。(　　)　　　　　　　　对

19. MCS-51 的中断源全部编程为同级时,优先级最低的是外中断 0。(　　) 　　错

20. MCS-51 内部提供 2 个可编程的 16 位定时器/计数器,T0 定时器有 3 种工作方式。(　　) 　　错

21. MCS-51 有 5 个中断源。(　　) 　　对

22. MCS-51 中断优先级由寄存器 IP 来决定。(　　) 　　对

23. P3.2 的第二功能为外中断 0 的输入端。(　　) 　　对

24. P3.3 的第二功能为外中断 1 的输入端。(　　) 　　对

25. SCON 中 SM0、SM1 分别取 0、1 代表的含义是串行工作方式 1。(　　) 　　对

26. SM2 用于多机通信方式。(　　) 　　对

27. SMOD 位于 PCON 的最高位。(　　) 　　对

28. TCON 中 TF1 代表的含义是定时器溢出标志。(　　) 　　对

29. TMOD 的默认值为 0。(　　) 　　对

30. TMOD 是中断允许寄存器。(　　) 　　错

31. TMOD 用于控制定时器的工作方式。(　　) 　　对

32. TR0＝1 表示定时器 T0 禁止。(　　) 　　错

33. 超声波模块可以工作在串行口模式。(　　) 　　对

34. 串行口的方式 1 为双机通信方式。(　　) 　　对

35. 串行口的方式 2 和 3 为多机通信波特率可变的方式。(　　) 　　对

36. 串行口的方式 2 为多机通信方式。(　　) 　　对

37. 串行口收发数据缓存器的名字为 SBUF。(　　) 　　对

38. 串行口中断结束后 RI 由硬件自动清零。(　　) 　　错

39. 串行口发生中断时 RI 或 TI 至少有一个为 1 态。(　　) 　　对

40. 串行通信中,RE 代表允许读串行数据。(　　) 　　对

41. 串行通信中,RI 用于表达数据传输是否结束。(　　) 　　错

42. 定时器/计数器 T0 的中断编号是 3。(　　) 　　错

43. 定时器 T0 工作在方式 1 下,采用定时功能,门控位不使用,则 TMOD＝1。(　　) 　　对

44. 定时器 T1 的方式 1 常用于串行口波特率发生器使用。(　　) 　　错

45. 定时器 T1 还可以用作串行口波特率发生器使用。(　　) 　　对

46. 独立按键识别时,先延时再判断的目的是避开按键抖动。(　　) 　　对

47. 复位后 TMOD 的状态为 0。(　　) 　　对

48. 机械按键在使用时去抖动是没有必要的。(　　) 　　错

49. 基本的通信方式有两种:串行方式和异步通信方式。(　　) 　　错

50. 计算机中补码常用语表达有符号数。(　　) 　　对

51. 矩阵式按键扫描常用的方法有翻转法和扫描法。(　　) 　　对

52. 开机复位后,每个端口的状态为 0。(　　) 　　错

53. 开启定时器 T0 中断时,应设置 IE=0x02。(　　)　　　　　　　　　　　错

54. 启动定时器 T0 应该使用 TR0=1。(　　)　　　　　　　　　　　　　　对

55. 8 位有符号数的范围为 −128~127。(　　)　　　　　　　　　　　　　对

56. 若使用 T0 中断,则只需设置 ET0=1 即可。(　　)　　　　　　　　　　错

57. 设置串口的波特率加倍,则 SMOD 需设置为 1。(　　)　　　　　　　　对

58. 数码管动态显示利用了视觉暂留效应。(　　)　　　　　　　　　　　　对

59. 外部中断 0 的输入引脚是 P3.2。(　　)　　　　　　　　　　　　　　对

60. 外部中断 1 的输入引脚是 P3.2。(　　)　　　　　　　　　　　　　　错

61. 外部中断 0 的中断触发标志位是 IT0。(　　)　　　　　　　　　　　　对

62. 外部中断 1 的中断触发标志位是 IT0。(　　)　　　　　　　　　　　　对

63. MCS-51 单片机的外中断常工作在下降沿触发模式下。(　　)　　　　　对

64. 外部中断 1 的中断编号是 2。(　　)　　　　　　　　　　　　　　　　对

65. 外部中断 1 的中断请求标志位是 TF1。(　　)　　　　　　　　　　　　错

66. 外中断 0 的中断请求标志是 IE0。(　　)　　　　　　　　　　　　　　对

67. 无源蜂鸣器的两个引脚是等长的。(　　)　　　　　　　　　　　　　　对

68. 无源蜂鸣器正常工作时,能发出固定频率的音频信号。(　　)　　　　　对

69. 有源蜂鸣器的两个引脚是等长的。(　　)　　　　　　　　　　　　　　错

70. 有源蜂鸣器的引脚的极性为长正短负。(　　)　　　　　　　　　　　　对

71. 在串行通信中,数据传送方向单工、半双工、全双工三种方式。(　　)　　对

72. 中断服务函数中 interrupt 1 指的是 T0 中断的服务函数。(　　)　　　　对

73. ADC0809 的参考电压可以与单片机的电源电压不同。(　　)　　　　　　对

74. ADC0809 的转换精度为参考电压 $V_{ref}/256$。(　　)　　　　　　　　　对

75. ADC0809 内部有 8 个电压转换模块。(　　)　　　　　　　　　　　　　错

参 考 文 献

[1] 谢维成,杨加国.单片机原理与应用及 C51 程序设计[M].3 版.北京:清华大学出版社,2006.

[2] 张义和.例说 51 单片机[M].北京:人民邮电出版社,2010.

[3] 熊向敏,马静,田贵福.单片机应用技术项目化教程[M].沈阳:辽宁教育出版社,2018.

[4] 张毅刚.单片机原理及接口技术(C51 编程)[M].北京:人民邮电出版社,2016.

[5] 林立.单片机原理及应用——基于 Proteus 和 Keil C[M].4 版.北京:电子工业出版社,2018.

[6] 李朝青,卢晋,王志勇,等.单片机原理及接口技术[M].5 版.北京:北京航空航天大学出版社,2017.

[7] 叶俊明.单片机 C 语言程序设计[M].西安:西安电子科技大学出版社,2019.